四川省"十二五"普通高等教育本科规划教

计算机程序设计基础 II
(C/C++)

景 红 编著

本书数字资源汇总

西南交通大学出版社
·成 都·

内容提要

本规划教材以实际应用为主线，由浅入深地介绍了计算机程序设计中的基本概念、基础知识和基本技能，可帮助学生（读者）掌握编程解决问题的一般思路与基本方法。其内容主要包括：软件开发、算法描述和C/C++语言基本语法等基础知识，常用数据类型和经典问题通用算法，编程基本方法和基本调试技能。

本教材由《计算机程序设计基础I (C/C++)》和《计算机程序设计基础II (C/C++)》两分册构成。分册I为基础篇，主要内容包括结构化程序设计，可用于3学分课程教学。分册II为提高篇，主要内容包括面向对象程序设计和STL（标准模板库），可与分册I一起用于4~5学分课程教学。

本教材的内容全面系统，叙述简明易懂，案例丰富实用，适合作为高等院校学生学习计算机程序设计的教材，同时也可作为自学C/C++语言的指导书和参考书。

图书在版编目（Ｃ Ｉ Ｐ）数据

计算机程序设计基础. Ⅱ，C/C++ / 景红编著. —
成都：西南交通大学出版社，2018.4
ISBN 978-7-5643-6158-7

Ⅰ. ①计… Ⅱ. ①景… Ⅲ. ①C 语言 – 程序设计 – 高
等学校 – 教材 Ⅳ. ①TP311.1②TP312.8

中国版本图书馆 CIP 数据核字（2018）第 075119 号

计算机程序设计基础 II（C/C++）

景 红 编著

责 任 编 辑	姜锡伟
封 面 设 计	何东琳设计工作室
出 版 发 行	西南交通大学出版社 （四川省成都市二环路北一段 111 号 西南交通大学创新大厦 21 楼）
发 行 部 电 话	028-87600564　028-87600533
邮 政 编 码	610031
网　　　　址	http://www.xnjdcbs.com
印　　　　刷	四川煤田地质制图印刷厂
成 品 尺 寸	185 mm × 260 mm
印　　　　张	14.75
字　　　　数	387 千
版　　　　次	2018 年 4 月第 1 版
印　　　　次	2018 年 4 月第 1 次
书　　　　号	ISBN 978-7-5643-6158-7
定　　　　价	38.00 元

前　言

在高校本科教育中，"计算机程序设计"是理工科类专业的一门重要公共基础课程。其教学目标是，在课程结束时学生能够：养成利用计算机解决问题的思维方式，具有计算思维素养、创新意识和团结合作的工程职业素质；掌握一门高级程序设计语言的基础知识，具有使用计算机编程解决实际问题的基本能力；为未来在本学科领域使用计算机进行应用研究、技术开发等工作奠定基础。本规划教材是针对高校计算机程序设计课程编写的，并根据使用了多年的教材《计算机程序设计基础（C++）》（景红主编，西南交通大学出版社 2009 年版）的教学效果以及课程教改成果，构建起基于丰富实用的案例和以问题为主线的知识体系。全书针对编程求解过程和学生学习特点，从思路分析、数据结构规划、算法设计、程序实现等方面做了比较细致和全面的讨论，并力求语言简明、概念准确、目的明晰。其目标是使学习者通过学习达到：熟悉 Visual C++程序的开发和调试环境；掌握 C/C++语言的基础知识；掌握面向过程、面向对象和 STL 程序设计的基本方法和基本调试技能；掌握常用数据类型（包括基本数据类型、自定义数据类型）的用法，以及一些经典问题的通用算法；能够使用 C++语言编程解决一般性问题。

本规划教材的内容组织很好地利用了西南交通大学出版社的数字化教学平台，为学习者提供了多维度的学习支持，包括微视频讲解、编程训练、知识点测试及结果分析等。

参加本规划教材撰写工作的人员都是在高校长期从事计算机教学与科研工作的一线教师，并有着丰富的教学经验。其中，参加《计算机程序设计基础 I (C/C++)》分册撰写工作的教师是：3.4节　吴燕、景红，4.4.1～4.4.3 节　张旭丽、景红，4.4.4～4.4.8 节　冯晓红、景红，5.5 节　刘霓、景红，6.4 节　戴克俭、景红，其余各章节和数字化资源　景红；参加《计算机程序设计基础 II（C/C++）》分册中撰写工作的教师是：8.4.3 节　李茜，其余各章节和数字化资源　景红。在本教材完稿之际，刘金艳、陈小平、刘倩、钟灿、胡桂珍、王绍清和唐加胜等老师对该书内容提出了非常宝贵的修改意见，在此我们要表示深深的感谢。同时，我们要感谢西南交通大学从事计算机基础教学工作的全体教师。

身处教学一线的我们，力图撰写一本更适合培养学生计算机程序设计能力的好教材。但我们也深知，不同的学习者有着不同的个性特征、认知结构、学习动机和学习风格等，因此本教材不一定能满足所有学习者的需要。同时，在撰写过程中失误在所难免。所以，我们衷心希望广大读者能够不吝赐教。

编　者

2018 年于西南交通大学

目　录

《计算机程序设计基础Ⅰ》目录清单

多媒体资源目录

序号	章	节	资源名称	资源类型	页码
65		10.2.9	10.10 填空练习	图文	201
66		10.3.1	10.11 填空练习	图文	203
67		10.3.2	10.12 填空练习	图文	207
68		10.3.3	10.13 填空练习	图文	212
69	第 10 章 STL 程序设计	10.4.1	10.14 参考程序	图文	216
70		10.4.2	10.15 参考程序	图文	217
71		10.4.3	10.16 参考程序	图文	219
72		10.4.3	10.17 参考程序	图文	220
73		10.4.3	10.18 参考程序	图文	221
74			本章练习	题库	222
75			附录 1 ASCII 代码表	图文	
76			附录 2 C++的词法单位	图文	
77			附录 3 C++的基本数据类型与转义字符	图文	
78	附录		附录 4 C++运算符的优先级和结合性	图文	224
79			附录 5 几类常用系统函数简介	图文	
80			附录 6 常见出错信息含义表	图文	
81			附录 7 STL 的常用运算符和成员函数	图文	
82			附录 8 STL 相关泛型算法	图文	
83			微课程 1　第 1 章引论	视频	
84			微课程 2　软件开发和程序编制	视频	
85			微课程 3　计算机算法	视频	
86			微课程 4　编制一个简单的程序	视频	
87			微课程 5　调试程序的基本方法	视频	
88			微课程 6　基本数据类型	视频	
89	微课程		微课程 7　基本预算	视频	225
90			微课程 8　顺序与选择结构程序设计	视频	
91			微课程 9　嵌套与多路分支选择结构	视频	
92			微课程 10　循环结构的实现	视频	
93			微课程 11　嵌套循环结构的实现	视频	
94			微课程 12　系统函数的使用	视频	
95			微课程 13　用户自定义函数的使用	视频	

多媒体资源使用帮助：

1. 请按照本书封底的操作提示，使用微信扫描封底二维码，关注"交大 e 出版"微信公众号并成为本书数字会员。

2. 多媒体资源目录中的所有资源在书中相应位置都设有二维码，请使用手机微信扫描该二维码，直接点击即可免费阅读/获取相应资源。

第6章 函数的使用（续）

通过前面的学习可知，C++系统提供了丰富的标准函数可以助力编程解决很多问题。但是在实际应用中，总会存在一些问题的解决没有适宜的标准函数可用的情况，这时就不可避免地需要根据问题特性来自定义用户函数。为此，这里学习C++语言中函数的深入使用。

本章预期学习成果：

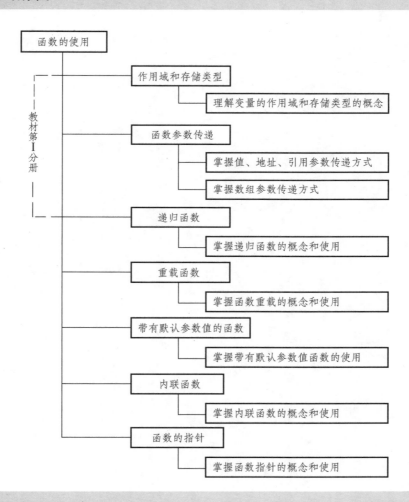

本章案例索引表：

语法知识点	应用案例	页码
函数重载	6.5 节案例 6.15：两数比较	3
带有默认参数值的函数	6.6 节案例 6.16：求和运算（1）	5
内联函数	6.7 节案例 6.17：求和运算（2）	7
函数指针	6.8 节案例 6.18：两数比较	8
	6.8 节程序欣赏 1：绘制彩色的小狮子	9
	6.8 节"语法知识与编程技巧"例 1	11

6.5　函数的重载

在同一个作用域内，一个函数名可以对应多个函数实现并通过不同的参数类型或参数个数加以区分。也就是说，对于同名函数，编译系统能够通过识别实参的个数和类型来确定具体调用其中的哪个函数。这种方法称为函数的重载。

【案例 6.15】　两数比较。

◇　**问题背景**

从键盘上输入两个整数和两个实数，分别输出它们的较大者。

◇　**编程实现 1**

填空练习

```cpp
//6.15-1 两数比较
#include<iostream>
using namespace std;
//==========================
int maxInt(int xInt, int yInt)
{   int zInt;
    zInt=(xInt>yInt?xInt:yInt);
    return zInt;
}
//==========================
double maxDouble(double xDouble, double yDouble)
{   double zDouble;
    zDouble=(xDouble>yDouble?xDouble:yDouble);
    return zDouble;
}

void main(void)
{   int aInt,bInt;
    double cDouble,dDouble;
    cout<<"请输入两个整型数: "<<endl;
    cin>>aInt>>bInt;
    cout<<"请输入两个实型数: "<<endl;
    cin>>cDouble>>dDouble;
    //==========================
    cout <<"两个整数中较大者为: "<<maxInt (aInt,bInt)<<endl;
    //==========================
    cout<<"两个浮点数中较大者为: "<<maxDouble (cDouble,dDouble)<<endl;
}
```

◇　**运 行 结 果**

```
D:\test\123\Debug\123.exe
请输入两个整型数:
123 234
请输入两个实型数:
13.045 13.046
两个整数中较大者为: 234
两个浮点数中较大者为: 13.046
请按任意键继续. . .
```

分析程序 1，不难发现：**maxInt** 函数和 **maxDouble** 函数只是参数类型有所不同，而且在编制程序时需要特别注意数据与函数名的对应，既不方便也容易出错。

一个好的解决方法是：函数重载。

◇ 编程实现 2

```
//6.15.2 两数比较——函数重载
#include<iostream>
using namespace std;
//=========================
int maxUser(int xInt, int yInt)
{    int zInt;
     zInt=(xInt>yInt?xInt:yInt);
     return zInt;
}
//=========================
double maxUser(double xDouble, double yDouble)
{    double zDouble;
     zDouble=(xDouble>yDouble?xDouble:yDouble);
     return zDouble;
}


void main(void)
{    int aInt,bInt;
     double cDouble,dDouble;
     cout<<"请输入两个整型数："<<endl;
     cin>>aInt>>bInt;
     cout<<"请输入两个实型数："<<endl;
     cin>>cDouble>>dDouble;
     //=========================
     cout <<"两个整数中较大者为："<<maxUser(aInt,bInt)<<endl;
     //=========================
     cout<<"两个浮点数中较大者为："<<maxUser(cDouble,dDouble)<<endl;
}
```

填空练习

◇ 运行结果

```
D:\test\123\Debug\123.exe
请输入两个整型数：
123 234
请输入两个实型数：
13.045 13.046
两个整数中较大者为：234
两个浮点数中较大者为：13.046
请按任意键继续. . .
```

★ 语法知识与编程技巧 ★

函数的重载

一般来说，在同一个作用域中定义的函数名不能一样。但是有一种情况例外，那就是函数的重载。函数的重载是指允许有两个及以上的函数使用同一个函数名，但是形参的个数或者形参的类型必须有所不同。而重载函数的返回值类型可以相同也可以不同。

当发生对重载函数的调用时，匹配按以下顺序进行：

- ✓ 参数类型是否严格匹配，如果找到了，就用那个函数。
- ✓ 经过内部类型转换寻求一个匹配，只要找到了，就用那个函数。
- ✓ 经过强制类型转换寻求一个匹配，只要找到了，就用那个函数。

说明：

◆ 判断同名函数是否为重载函数，是以函数参数而不是函数的返回值为依据的。所以，在C++中，如果在同一个作用域中有两个同名函数的参数表完全相同而返回值不同，并不会被判定为重载，而会被判定为不合法。

> 例 1：以下两个函数是重载函数：
>
> ```
> int maxUser(int,int);
> double maxUser(double,double);
> ```
>
> 当调用名为 maxUser 的函数时，编译系统将根据实参和形参的类型及个数的最佳匹配，自动确定调用哪一个函数。
>
> 例 2：以下两个函数不是重载函数：
>
> ```
> int maxUser(int,int);
> float maxUser(float,float);   //编译系统将给出错误提示。
> ```
>
> 错误原因：编译系统区分函数参数类型时，实际上是以参数占据的存储空间来区分的。由于 int 型和 float 型均为 4 个字节，所以编译系统无法区别 int 型和 float 型参数。

◆ 一般不应将不同功能的函数定义为重载函数。对函数进行重载设计是为了让具有相似功能的操作具有相同的名字，从而提高程序的可读性和适应性。而如果对完全没有相似功能的函数进行重载，既失去了本来的目的，又容易造成调用结果的误解和混淆。

6.6　带有默认形参值的函数

在函数的应用中，常常也会遇到这种情况，即在多次调用某个子函数时，传递的实参值相同。对此，可以将该值指定为该函数对应形参的默认值，使调用更加灵活。也就是说，C++允许在函数原型声明或函数定义中，为部分或全部形参指定默认值，并且，通常将这样的函数称为带有缺省参数值的函数。它为函数调用带来方便性和灵活性。

【案例 6.16】　求和运算。

◇ 问题背景

通过阅读和上机调试该程序，学习带有缺省参数值的函数的使用方法。

```cpp
//6.16 求和运算(1)
#include <iostream>
using namespace std;
int add(int x=10,int y=20)   //给出了全部默认值
{    int z;
     z=x+y;
     return(z);
}
double add(double x,double y=5.0)   // 任何一个带默认值的参数的右边不得有不带默认值的参数
{    double z;
     z=x+y;
     return(z);
}

void main(void)
{    //根据 2 个实参都是整数，调用第 1 个函数，且实参值起作用
     cout<<"add(3,5)="<<add(3,5)<<endl;
     //根据 2 个实参都是 double 型数据，调用第 2 个函数，且实参值起作用
     cout<<"add(1.2,4.6)="<<add(1.2,4.6)<<endl;
     //根据实参是整型数据，调用第 1 个函数，且第 2 个默认的形参值会起作用
     cout<<"add(3)="<<add(3)<<endl;
     //根据实参是 double 型，调用第 2 个函数，且第 2 个默认的形参值会起作用
     cout<<"add(1.2)="<<add(1.2)<<endl;
     //调用第 1 个函数（因为它给出了所有默认形参值），且所有默认形参值起作用
     cout<<"add()="<<add()<<endl;
}
```

填空练习

◇ 运行结果

```
C:\Users\jd\documen...
add(3,5)=8
add(1.2,4.6)=5.8
add(3)=23
add(1.2)=6.2
add()=30
请按任意键继续. . .
```

★ 语 法 知 识 与 编 程 技 巧 ★

函数形参默认值的使用方法

在调用带有默认值参数（也称为缺省参数）的函数时，其参数传递规则是：从左至右，如果给出了实参，则以实参传递；如果没有给出实参，则使用形参默认值。

在使用带有默认值参数的函数时，应注意以下几点：

① 函数的形参可以全部带有默认值，也可以只有部分带有默认值。而在后一种情况下，带有默认值的参数必须位于形参列表中的最右边，即任何一个带默认值的参数的右边不能出现不带默认值的参数。也就是说，必须按形参列表从右向左的顺序来指定缺省形参值。

② 如果在同一个源文件中既有该函数原型，又有该函数定义，则只能在该函数原型中指定参数的默认值。

③ 调用带有默认值参数的函数时，编译系统将会根据实际给出的实参进行调用和计算。简单地讲就是用实参替代原来的默认参数（这种替代是按照从左到右的顺序进行的），若没有实参则取默认参数值。

6.7 内联函数

在发生函数调用时，编译系统要做许多工作，主要包括断点现场保护、数据进栈、执行函数体、数据出栈、恢复现场和断点等，资源开销很大。而当函数体很小而又需要反复调用时，由于函数体的运行时间相对较少，而函数调用所需的栈操作等却要花费比较多的时间，运行效率与代码重用的矛盾就变得很突出。

为了解决上述矛盾，C++提供了一种被称作内联函数的机制。该机制通过将函数体的代码直接插入函数调用处（不像函数调用那样需要现场保护等）来节省函数的时间开销，这一过程叫作内联函数的扩展。由于在扩展时对函数的每次调用均要进行扩展，所以，内联函数实际上是一种以空间换时间的方案。

【案例 6.17】 求和运算。

◇ 问题背景

通过阅读和上机调试该程序，学习内联函数的使用方法。

◇ 编程实现

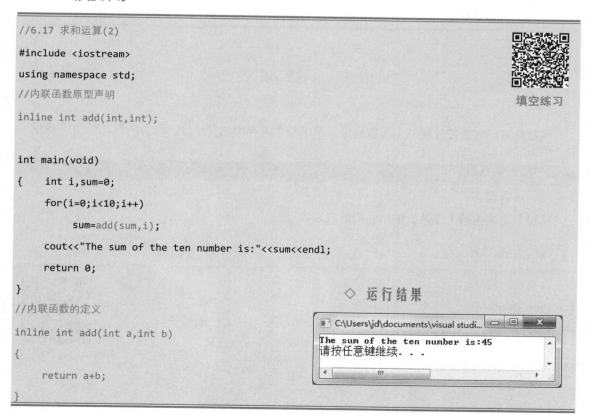

```cpp
//6.17 求和运算(2)
#include <iostream>
using namespace std;
//内联函数原型声明
inline int add(int,int);

int main(void)
{   int i,sum=0;
    for(i=0;i<10;i++)
        sum=add(sum,i);
    cout<<"The sum of the ten number is:"<<sum<<endl;
    return 0;
}
//内联函数的定义
inline int add(int a,int b)
{
    return a+b;
}
```

填空练习

◇ 运行结果

```
C:\Users\jd\documents\visual studi...
The sum of the ten number is:45
请按任意键继续. . .
```

内联函数的使用方法

内联函数也被称为内置函数或在线函数。当定义一个函数时，在函数名前加上关键字 inline，该函数即被定义为内联函数。

内联函数既具有函数的优点，又可以提高程序运行效率。但是，由于重复编码会产生较长的代码，所以内联函数通常都非常小。而且，并不是所有的函数都能设计为内联函数。

C++对内联函数有很多使用限制，具体内容如下：

① 在内联函数中不能定义任何静态变量；

② 内联函数中不能有复杂的流程控制语句，如循环语句、switch 和 goto 语句等；

③ 内联函数不能是递归的；

④ 内联函数中不能使用数组；

⑤ 加有关键字 inline 的函数定义必须出现在该函数的调用之前，或者在函数的原型声明语句中必须加有关键字 inline。

说明：如果不满足上述限制条件，程序可以通过编译，但该函数没有实现"内联"。也就是说，编译系统将把它当作普通函数来处理。

使用内联函数虽然节省了程序运行的时间开销，但增大了代码占用内存的空间开销。因此，在具体编程时应仔细权衡时间开销和空间开销之间的矛盾，以确定是否采用内联函数。

★ ★

6.8 函数的指针

函数在编译时会被分配一个入口地址，即函数在内存中的首地址，称为函数的指针。因此，可以使用一个指针变量获取函数的指针，然后调用该函数。

【案例 6.18】 两数比较。

◇ 问题背景

从键盘上输入两个整数，输出它们的较大者。

◇ 编程实现

```
//6.18 两数比较——函数的指针
#include <iostream>
using namespace std;
//======================================================
int maxUser(int x,int y)
{
    return x>y ? x : y;
}
```

填空练习

```
void main(void)
{   int (*fPtr)(int, int);
    int a,b,c;
    fPtr=maxUser;          //将函数 maxUser 的入口地址复制给 fPtr
    cout<<"请输入需要比较的两个数: "<<endl;
    cin>>a>>b;
    c=(*fPtr)(a,b);        //用指针形式实现函数的调用，它等同于 c=maxUser(a,b);
    cout<<"a="<<a<<",b="<<b<<",max="<<c<<endl;
}
```

◇ 运行结果

```
请输入需要比较的两个数:
12 45
a=12,b=45,max=45
请按任意键继续. . .
```

◇ **程序欣赏——把输出加上色彩**

利用函数的指针，以浅绿色为背景绘制两只分别为蓝色和粉红色的小狮子。

```
//程序欣赏1: 绘制彩色的小狮子
#include <iostream>
using namespace std;
#include <windows.h>
//=================================================
void alion(void)
{   cout<<endl;
    cout<<"              ,%%%%%%"<<endl;
    cout<<"            ,%%/\\%%%/\\%"<<endl;
    cout<<"           ,%%%\c "" J/%%%%"<<endl;
    cout<<" %.        %%%%/ o  o \\%%%"<<endl;
    cout<<"`%%.       %%%%    _  |%%"<<endl;
    cout<<"`%%          `%%%%(__Y__)%"<<endl;
    cout<<" //        ;%%%%`\\-/%%%'"<<endl;
    cout<<" ((       /  `%%%%%%%'"<<endl;
    cout<<" \\\\    .'          |"<<endl;
    cout<<"  \\\\ /      \\ ||"<<endl;
    cout<<"   \\\\/       )||"<<endl;
    cout<<"    \\       /_||__"<<endl;
    cout<<"    (_____))))))"<<endl;
    cout<<endl;
}
//=================================================
void blueAlion(HANDLE hOut)
{   //设置屏幕字体颜色
    SetConsoleTextAttribute(hOut,FOREGROUND_INTENSITY | FOREGROUND_BLUE | BACKGROUND_INTENSITY |
BACKGROUND_GREEN | BACKGROUND_BLUE );
```

程序欣赏

```
        alion();
}
//==================================================
void magentaAlion(HANDLE hOut)
{    //设置屏幕字体颜色
    SetConsoleTextAttribute(hOut,FOREGROUND_INTENSITY  |FOREGROUND_BLUE  |  FOREGROUND_RED  |
BACKGROUND_INTENSITY | BACKGROUND_GREEN | BACKGROUND_BLUE);
    alion();
}


void main(void)
{    //设置输出窗口的颜色
    system("color B0");
    //对象的句柄，获得输出屏幕缓冲区的位置
    HANDLE hOut;
    hOut = GetStdHandle(STD_OUTPUT_HANDLE);
    //保存当前屏幕字体颜色
    CONSOLE_SCREEN_BUFFER_INFO fontColor;
    WORD oldConsoleTextAttribute;
    if (!GetConsoleScreenBufferInfo(hOut, &fontColor))
        { MessageBox( NULL,TEXT("GetConsoleScreenBufferInfo"),
                    TEXT("fontColor Error"), MB_OK);}
    oldConsoleTextAttribute = fontColor.wAttributes;
    //==================================================
    void (*fPtr)(HANDLE);
    fPtr=blueAlion;        //将函数 blueAlion 的入口地址复制给 fPtr
    (*fPtr)(hOut);
    fPtr=magentaAlion; //将函数 magentaAlion 的入口地址复制给 fPtr
    (*fPtr)(hOut);
    //还原屏幕字体颜色
    SetConsoleTextAttribute(hOut,oldConsoleTextAttribute );
    cout<<endl;
}
```

◇ 运 行 结 果

说明：

◆ 用 system("color XX");可以改变整个控制台（运行输出窗口）的颜色，其中：第 1 个 X 是背景色代号，第 2 个 X 是前景色代号。各颜色代码如下： 0=黑色，1=蓝色，2=绿色，3= 湖蓝色，4=红色，5=紫色，6=黄色，7=白色，8=灰色，9=淡蓝色，A=淡绿色，B=淡浅绿色，C= 淡红色，D=淡紫色，E=淡黄色，F=亮白色。

函数的指针和返回指针值的函数

1. 定义指向函数的指针变量

一般语法格式如下：

数据类型 (*指针变量名)(函数参数表); //数据类型是指函数返回值的类型

注意："*指针变量名"两侧的圆括号不可省略，表示该指针变量是指向函数的指针变量。

案例 6.18 的程序中，int (*fPtr)(int, int);，定义 fPtr 是一个指向函数的指针变量，而且这个函数接收两个整型参数和返回一个整型值。通过 fPtr=maxUser;，fPtr 指向 maxUser 函数。

2. 把指向函数的指针变量作为函数参数

把指向函数的指针变量作为函数参数，其意义在于实现函数地址的传递，也就是将函数名传给形参。函数指针在那些把函数名作为变量使用的程序中非常有用。

例1:
```cpp
#include <iostream>
using namespace std;
int plus(int x,int y)
{   int result;
    result=x+y;
    return result;
}
int minus(int x,int y)
{   int result;
    if(x>=y)result=x-y;
    else result=y-x;
    return result;
}
int process(int x,int y,int(*fptr)(int,int))
{   int result;
    result=(*fptr)(x,y);
    return result;
}
void main(void)
{   int a,b,c;
    cout<<"请输入需要比较的两个数: "<<endl;
    cin>>a>>b;
    c=process(a,b,plus);
    cout<<"a="<<a<<",b="<<b<<",sum="<<c<<endl;
    c=process(a,b,minus);
    cout<<"a="<<a<<",b="<<b<<",sub="<<c<<endl;
}
```

◇ 运行结果

请输入需要比较的两个数:
23 67
a=23,b=67,sum=90
a=23,b=67,sub=44
请按任意键继续. . . . .

3．返回指针值的用户自定义函数

一般语法格式如下：

数据类型 *函数名(形参列表)；   //函数返回值是指针型的数据

◆ 返回指针值的用户自定义函数与本教材分册 Ⅰ 第 3 章中学习的用户自定义函数基本相同，只是前者的返回值类型是指针类型而已。

本章小结

本章练习

函数重载功能为程序编写提供了很多方便。需要注意的是：尽管重载函数的名字相同，但参数个数或类型不能相同。如果参数个数和类型都相同，仅仅是返回值类型不同，是不合法的。

C++允许在函数原型声明或函数定义中，为部分或全部形参指定默认值，并将这样的函数称为带有缺省参数值的函数。它为函数调用带来方便性和灵活性。

inline 关键字用于定义内联函数。正确地使用内联函数可以提高程序的运行效率。

函数在编译时会被分配一个入口地址，即函数在内存中的首地址，称为函数的指针。因此，可以使用一个指针变量获取函数的指针，然后调用该函数。而指向函数的指针变量作为函数参数，其意义在于实现函数地址的传递，也就是将函数名传给形参。

定义返回指针值的函数与定义一般函数的不同之处，就是前者的返回值类型是指针类型。

第8章 自定义数据类型与链表

在程序设计中，需要存储群体数据时，除了可以使用数组外，还可以使用枚举、共用体、结构体和类（参见第9章）等用户自定义数据类型（非基本数据类型，或称构造类型）。这些数据类型中的每一个分量，既可以是一个基本类型，也可以又是一个自定义数据类型，并且这些分量可以像基本类型一样进行赋值、存取、运算等操作。同样的，将这些数据类型和指针配合使用可表示许多复杂的动态数据结构，以便于解决一些比较繁杂的问题。

本章预期学习成果：

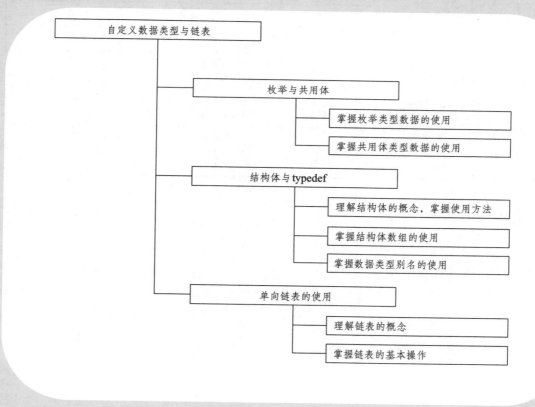

本章案例索引：

8.1 枚举与共用体

在程序设计中，可以使用枚举类型或共用体类型来表示特定的群体数据。

8.1.1 枚举类型数据的使用

当需要为某个对象关联一组可选属性值时（例如，一个"星期"有七个属性值：Sunday，Monday，……，Saturday），可以将这个对象定义为一个枚举类型。

【案例8.1】 简易计算器。

◇ 问题背景

编程实现：设计一个简易计算器，可随机生成两个算子，完成加、减、乘、除四则运算。

◇ 编程实现

```cpp
//8.1 简易计算器
#include <iostream>
#include <ctime>
using namespace std;
void main (void)
{   //================================================
    enum opUser{plus,minus,times,divide};
    enum opUser op;
    double rest, restUser;
    int x, y;
    char opChar;
    srand(time(NULL));
    x=1+rand()%(100-1+1);
    y=1+rand()%(100-1+1);
    //================================================
    for(op=plus; op<=divide; op=(enum opUser)(op+1))
        {   switch (op)
        {   case plus:      opChar='+';
                            rest=x+y;
                            break;
            case minus:     opChar='-';
                            rest=x-y;
                            break;
            case times:     opChar='*';
                            rest=x*y;
```

填空练习

```
                            break;
            case divide:   opChar='+';
                           rest=x/y;
      }
   cout<<x<<opChar<<y<<"=";
   cin>>restUser;
   if(restUser == rest) cout<<" √ "<<endl;
   else cout<<" X "<<endl;
   }
}
```

◇ 运行结果

◇ **问题拓展**

① 对比该案例与本教材分册 I 中同类问题案例 3.2.1 和案例 3.2.2 的编程方法。

② 假设某口袋中有红、黄、蓝、白、黑五种颜色的球若干个，每次从中取出 3 个不同颜色的球，试编程计算共有多少种取法。

参考程序

设有数据类型 enum color{red,yellow,blue,white};
输入和输出格式参见下图。

ball1	ball2	ball3	ball1	ball2	ball3
red	yellow	blue	red	yellow	white
red	blue	yellow	red	blue	white
red	white	yellow	red	white	blue
yellow	red	blue	yellow	red	white
yellow	blue	red	yellow	blue	white
yellow	white	red	yellow	white	blue
blue	red	yellow	blue	red	white
blue	yellow	red	blue	yellow	white
blue	white	red	blue	white	yellow
white	red	yellow	white	red	blue
white	yellow	red	white	yellow	blue
white	blue	red	white	blue	yellow

total:24

请按任意键继续...

━━━━ ★语法知识与编程技巧★ ━━━━

枚举类型数据的使用方法

一般语法格式如下：

enum 枚举类型名{枚举常量表};   //多个常量间以逗号间隔

enum 枚举类型名 枚举变量名;

例如：一周的天数可以定义为

    enum weekday {sun, mon, tue, wed,thu, fri, sat};

    enum weekday date;

前者声明了一种以"一周的七天"为成分的新数据类型，并将该类型取名为 weekday；后者定义了一个属于 enum weekday 类型的枚举变量 date。

说明：

◆ 枚举型变量的取值只能是**枚举常量表**（也称**枚举元素表**）中列出的常量。

例如：就上例而言，
```
date=sun;     //是合法的
date=fri;     //是合法的
date=Sunday;  //是不合法的
date=Friday;  //是不合法的
```

◆ 枚举元素作为常量是有值的。在默认情况下，其值由系统在编译时给出，按枚举常量表中的顺序使各元素值为 0、1、2、……

例如：上例中，sun 的值为 0，mon 的值为 1，……，sat 的值为 6。

◆ 也可以在定义枚举类型时显式地指定枚举元素的值。

例如：enum weekday {sun=1, mon=2, tue, wed, thu, fri,sat}date；
定义 sun 的值为 1，mon 的值为 2，以后顺序加 1，sat 为 7。

◆ 一个整数不能直接赋给一个枚举变量，要先进行强制类型转换才能赋值。

例如：上例中，
```
date=2;     // 是不合法的
date=(enum weekday)2;  /*是合法的，它将顺序号为 2 的枚举元素赋给 date，即 date=mon; */
```

◆ 枚举变量可用于关系运算；

◆ 枚举类型支持加操作，但不支持++操作。

★ ★

8.1.2　共用体类型数据的使用

对于不同类型的数据，如果它们的使用时间不同，则可以用一个**共用体类型**来组织这些数据。它能够使这些变量共用同一内存区，达到节省存储空间的目的。

【案例 8.2】　共用体的使用。

◇ **问题背景**

通过阅读和上机调试该程序，学习共用体的使用方法。

◇ **编程实现**

```
//8.2 共用体的使用
#include <iostream>
using namespace std;
//======================================================
union
{   char s[2];
    int num;
}x;
```

填空练习

```
void main(void)
{   //========================================
    x.s[0]='y';
    x.s[1]='z';
    cout<<x.s[0]<<endl;
    cout<<x.s[1]<<endl;
    //========================================
    x.num=12345;
    cout<<x.s[0]<<endl;
    cout<<x.s[1]<<endl;
    cout<<x.num<<endl;
    x.s[0]='a';
    x.s[1]='b';
    cout<<x.s[0]<<endl;
    cout<<x.s[1]<<endl;
    cout<<x.num<<endl;
}
```

◇ 运行结果

```
D:\test\123\Debug\...
y
z
9
0
12345
a
b
25185
请按任意键继续...
```

━━━━ ★ 语法知识与编程技巧 ★ ━━━━

共用体类型数据的使用方法

共用体也称为**联合体**或**共同体**，是一种由不同类型数据组成的复合数据类型。共用体以覆盖的形式使用内存，也就是说，在共用体中，各成员共享一段内存空间。一个共用体变量的长度（即占据空间的大小）等于各成员中最长的长度。

1．共用体类型和变量的定义

定义共用体类型的一般语法格式为：

```
union 共用体名
  {    数据类型   成员名1；
       数据类型   成员名2；
       ……
       数据类型   成员名n；
  };    //花括号和分号不能少
```

定义共用体变量一般可以采用以下三种方法：

① 在定义共用体类型的同时定义共用体变量。一般语法格式为：

```
union 共用体名
  {    数据类型   成员名1；
       数据类型   成员名2；
       ……
       数据类型   成员名n；
  }变量名列表；
```

② 先定义共用体类型，再以共用体名作为类型说明定义共用体变量。一般语法格式为：用该方法定义共用体变量就和用 int、char、float 等定义基本变量的形式一样。

③ 直接定义共用体变量。一般语法格式为：

```
union
    {  数据类型   成员名 1;
       数据类型   成员名 2;
       数据类型   成员名 3;
       ……
       数据类型   成员名 n;
    }变量名列表;
```

2. 共用体变量的使用

共用体变量一经定义就可以使用。一般语法格式为：

```
共用体变量名.成员名
指向共用体的指针变量名->成员名
```

其中，"."为成员运算符，即西文字符中的"句点"；"->"为指针成员运算符，由"减号"（-）和"大于号"（>）组合而成。

说明：

◆ 可以使用成员运算符或指针成员运算符对共用体变量的成员进行读写操作，但不允许直接用共用体变量名进行读写操作，不允许通过直接使用变量名来得到成员的值，也不允许在定义共用体变量时对其进行初始化。

◆ 共用体变量中各成员共用同一存储空间，因此共用体变量的地址和每一个成员的地址是同一地址。

◆ 在结构体类型（参见下一节）中可以定义共用体类型，也可以定义共用体数组。同样，在共用体类型中可以定义结构体类型，也可以定义结构体数组。

◆ 共用体变量不能作为函数参数，函数的返回语句中也不能含有共用体变量。

8.2 结构体与 typedef

数组是同类型数据的聚集，而结构体可以是任意类型数据的聚集。在程序设计中，可以使用结构体变量或结构体数组来表示特定的群体数据。

8.2.1 结构体类型数据的使用

当需要将两种及以上不同数据类型的数据组合在一起构成新的数据类型时，可以使用结构体变量。

◇　问题背景

通过阅读和上机调试该程序，理解结构体的概念并掌握其基本使用方法。

◇　编程实现

```
//8.3 结构体变量的使用
#include <iostream>
using namespace std;
//===============================================
struct pen
    {   int x;
        double y;
    };
void myCount(struct pen *p )      //结构体类型的参数
{   cout<<p->x<<"+"<<p->y<<"="<<p->x+p->y<<endl;
    cout<<p->x<<"-"<<p->y<<"="<<p->x-p->y<<endl;
    cout<<p->x<<"*"<<p->y<<"="<<p->x*p->y<<endl;
}

void main(void)
{   //===============================================
    pen d={113,71.56};    //结构体类型的变量
    myCount(&d);
    cout<<"请输入两个操作数：";
    //===============================================
    cin>>d.x>>d.y;
    myCount(&d);
}
```

填空练习

◇　运行结果

```
C:\Windows\system32\cmd.exe
113+71.56=184.56
113-71.56=41.44
113×71.56=8086.28
请输入两个操作数：375 456.89
375+456.89=831.89
375-456.89=-81.89
375×456.89=171334
请按任意键继续. . .
```

◇　问题拓展

① 选举投票统计。

设有数据类型并初始化如下：

```
struct voteData
    {   string name;     //候选人姓名
        int elect;       //候选人得票数
    };
voteData cPerson[]={{"zhangsan",0},{"lisi",0},{"wangwu",0},{"zhaoliu",0},
{"huba",0}};
```

参考程序

编程实现：模拟 n 个候选人、m 个选民举行投票选举，输出候选人得票一览表以及当选者姓名。输入和输出格式参见下图。

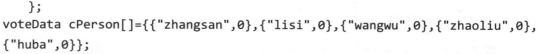

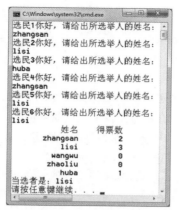

② 修改①的参考程序，完善对并列当选、废票等情况的进一步处理。

★ 语 法 知 识 与 编 程 技 巧 ★

结构体类型数据的使用

1．结构体和结构体变量的定义

（1）结构体的定义

一般语法格式如下：

```
struct 结构体名
{  数据类型  成员名1;
   数据类型  成员名2;
   ......
   数据类型  成员名n;
};  //花括号和分号不能少
```

结构体定义中的每一个成员项，表示该结构体的一个分量（或称为域），它们如同一个二维表中构成该表头的各个字段，而非变量的概念。

在客观世界中，常常会遇到对性质不同又相互关联的数据进行处理的问题。例如：处理学生档案时，学籍登记表中的每一列由学号、姓名、性别、年龄等相互关联而类型会有所不同的数据组成。这时，可以使用一个结构体变量表示一个学生的档案记录，而使用一个结构体数组来表示若干个学生的档案记录。设有学生学籍登记表内容如下：

学 号	姓 名	性 别	身 高	…
980006	张洪	男	1.7 m	…
980007	李晓	女	1.5 m	…
⋮	⋮	⋮	⋮	⋮

则可以定义结构体如下：

```
struct student
{  int num;
   char name[20];   //或 string name;
   char sex;
```

```
        float height;
        ......

    };
```

（2）结构体变量的定义和初始化

通常可以采用以下三种方法来定义一个结构体类型的变量。而结构体变量初始化的方法和数组初始化的方法相似，即使用初始值表为其各个成员赋初值。

① 先定义结构体类型，再以结构体名作为类型说明定义结构体变量。如上例，用这种方法定义结构体变量就和用 int、char 等定义基本变量的形式一样。

例如：per1 和 per2 是结构体 struct student 的变量，并初始化 per1，相应的语句为：

    struct student per1={4801, "wang hai", 'F',178.68},per2;

② 在定义结构体类型的同时定义结构体变量。一般语法格式为：

```
struct 结构体名
{ 数据类型  成员名 1;
   数据类型  成员名 2;
   ......
   数据类型  成员名 n;
}结构体变量名表;
```

```
例如：struct student
    {  int num;
       char name [20];  //或 string name;
       char sex;
       float height;
    }per1={4801, "wang hai", 'F',178.68},per2;
```

③ 直接定义结构体类型变量。一般语法格式为：

```
struct
{ 数据类型  成员名 1;
   数据类型  成员名 2;
   数据类型  成员名 3;
   ......
   数据类型  成员名 n;
}结构体变量名表;
```

```
例如：struct
    {  int num;
       char name [20];
       char sex;
       float pay;
       char addr [30];
    }per1,per2;
```

说明：

◆ 类型（不占存储空间）与变量（占据存储空间）是不同的概念，两者不能混同。

◆ 对结构体中的成员，可以单独使用，其作用相当于普通变量。

◆ 允许结构体类型中的成员是结构体变量。

◆ 在定义结构体变量时，编译系统会分配一组存储单元来存放它。**例如**：对于上例中的 **per1** 和 **per2**，系统将分别用 **4+20+1+4=29** 个字节存放它们。显然，不同的结构体类型，其长度（占用内存数）是不一样的，并可使用长度运算符 **sizeof** 来计算。其形式如下：

```
sizeof(数据类型或变量名);
```

例如：sizeof(struct student);

2．结构体变量的使用

对结构体变量的使用一般有两种方式：成员使用方式和整体使用方式。

（1）成员使用方式

一般语法格式为：

```
结构体变量名.成员名
```

其中的成员运算符在运算符中的优先级仅次于范围运算符。

例如：**per1.name** 表示结构体变量 per1 中的姓名(name 成员)。

说明：

◆ 对成员变量可以像对普通变量一样，按照所定义的类型进行各种可能的运算。

例如：per1.num=per1.num+1;

◆ 如果成员本身又是结构体类型，则只能对最低级的成员进行赋值、存取、运算等操作。也就是说，在这种情况下，需要使用成员运算符一级一级地找到最低一级的成员后，方可进行各种运算操作。

例如：

医护工号	姓名	出生年	月	日	性别	工资	家庭住址
num	name	Birthday			sex	pay	addr
		Year	month	Day			

定义相应的结构体类型和结构体类型变量如下：

```
struct date
    {   int month;
        int day;
        int year;
    };
struct doctor
    {   int num;
        char name [20];
        struct date birthday;
        char sex;
        float pay;
```

```
        char addr[30];
    }doc1;
```

结构体 doctor 中的 birthday 成员本身又是结构体 date 的变量，因此正确的使用方式是：doc1.birthday.month。注意，不可直接对 doc1.birthday 进行任何运算操作，这样做是不合法的。

（2）整体使用方式

可以将一个结构体变量作为一个整体赋给另一个同类型的结构体变量。

```
例如：struct doctor doc1,doc2;
      ……
      doc2=doc1;    //将 doc1 变量中各成员的值逐个赋给 doc2 中相应的各成员
```

说明：

◆ 将一个常量直接赋给一个结构体变量是非法的。

```
例如：struct student per1;
      person={4801, "wang hai", '0',806.68, "416 Beijing Road"};    //不合法
```

◆ 在 C 语言中，结构体不能整体进行比较，而只能对各成员逐个进行比较。但是，在 C++ 语言中可以采用运算符重载的方式（参见 9.3.5 节"运算符重载"），实现结构体的整体比较。

3．利用指针使用结构体变量

其定义格式一般为：

```
struct 结构体类型名  *结构体指针名;
```

其访问格式一般为：

```
(*结构体指针变量).成员名    或    结构体指针变量->成员名  //减号（-）和大于号（>）之间不能插入空格
```

例如：定义：
```
      struct student
      {   int num;
          char name[20];
          char sex;
          float height;
      }   record1={1010, "Li Ping", 'M',157.2}, *p;
      使用：
      p=record1;  // p 必须要先赋值后使用
      cout<<(*p).num<<endl;    //或 p->num
      cout<<(*p).name<<endl;   //或 p->name
```

说明：

◆ 结构体变量可以作为函数的参数。当结构体变量作为函数的形参时，调用函数的实参应该是一个相同结构体模式的结构体变量，实现值传递；而当指向结构体的指针作为函数的形参时，调用函数的实参应该是一个相同结构体模式的结构体变量的地址值，实现地址传递。

◆ 结构体变量也可以作为函数的返回值。当一个函数的返回值为结构体变量时，这个函数也称为**结构体函数**。

8.2.2 结构体数组的使用

对于一组性质相同的结构体变量，通常使用结构体数组来表示。

【案例 8.4】 结构体数组的使用。

◇ **问题背景**

设某校有 N 名学生参加计算机等级考试，每个考生的数据包括学号、姓名和成绩，且成绩以百分制计分。编程实现将百分制成绩按 A（100～85）、B（84～75）、C（74～60）、D（<60）4 级制进行统计。

◇ **思路分析**

① 可利用结构体类型处理考生的数据。例如：用 score.dataA 存放由键盘输入的百分制成绩，用 score.dataB 存放对应的 4 级制成绩。

② 为了简化输出控制，学号选用字符串。

◇ **编程实现**

```
//8.4 结构体数组的使用
#include <iostream>
#include <iomanip>
#include <string>
using namespace std;
//========================================================
const int N=10;
//========================================================
struct
{   string num;
    string name;
    struct
      {   double dataA;
          char dataB;
      }score;
}student[N];

void main(void)
{   int myCount=0,i;
    char grade;
    cout<<"请输入: "<<endl;
    cout<<setw(8)<<" 学号 "<<setw(10)<<" 姓名 "<<setw(6)<<" 成绩 "<<endl;
//========================================================
```

填空练习

```cpp
for (i=0;i<N;i++)
{
        cin>>student[i].num>>student[i].name>>student[i].score.dataA;
        while(student[i].score.dataA>100||student[i].score.dataA<0)
        {   cout<<"input error! \n";
            cin>>student[i].score.dataA;
        }
        if (student[i].score.dataA<=100&&student[i].score.dataA>=85)
                student[i].score.dataB='A';
        else
            if(student[i].score.dataA<85&&student[i].score.dataA>=75)
                    student[i].score.dataB='B';
            else
                if(student[i].score.dataA<75&&student[i].score.dataA>=60)
                    student[i].score.dataB='C';
                else
                    student[i].score.dataB='D';
}
cout<<"请输入需要统计的级别（A-D）:\n";
cin>>grade;
cout<<setw(8)<<" 学号 "<<setw(10)<<" 姓名 "<<setw(6)<<" 成绩 "<<endl;
//=================================================
for (i=0;i<N;i++)
{   if(student[i].score.dataB==grade|| student[i].score.dataB==grade-32)
    {   myCount++;
        cout<<setw(8)<<student[i].num;
        cout<<setw(10)<<student[i].name;
        cout<<setw(6)<<student[i].score.dataA<<endl;
    }
}
//=================================================
cout<<"获得"<<grade<<"的学生数共计: "<<myCount<<endl;
}
```

```
C:\Windows\system32\cmd.exe
请输入:
    学号      姓名  成绩
20170001 zhangsan 67.9
20170002 lisi 76.8
20170003 wangwu 83.5
20170004 zhaoliu 77.5
20170006 wangxiaoer 88.3
20170007 xujing 85.2
20170008 lilaoqi 90.1
20170009 hehongjiu 86.2
20170012 hujiong 69.5
20170020 zhanghong 78.1
请输入需要统计的级别（A-D）:
b
    学号      姓名  成绩
20170002     lisi   76.8
20170003   wangwu   83.5
20170004  zhaoliu   77.5
20170020 zhanghong  78.1
获得b的学生数共计: 4
请按任意键继续. . .
```

◇ 问题拓展

对比本案例与分册 I 中案例 3.4 的编程方法。

结构体数组的使用方法

1. 结构体数组的定义和使用

具有相同数据类型的变量可以组成数组。同样，具有相同结构的结构体变量也可以组成数组，即结构体数组。定义结构体数组的方法和定义结构体变量的方法类似，只需说明它为数组类型即可。同时，对于外部结构体数组或静态结构体数组可以初始化赋值。

```
例如：struct student
    {  int num;
       char name[20];
       char sex;
       float height;
    } number[6]={{1010,"Li Ping",'M',158.25},{1011,"Zhao Yun",'F',160.5},{1012, "Sun Li",'M',
       150.7}, {1013,"Li hong",'F',180.25},{1014,"Xu hong",'F',160.45}, {1015,"Wang hu",'F',185.15}};
```

2. 指向结构体数组的指针

对于结构体数组及其元素也可以用指针变量来指向。

```
例如：以上例中 struct student 为例
    struct student *p;      // p是指向 struct student 结构体类型数据的指针变量
    for(p=number;p<number+6;p++)
        cout<<p->num<<', '<<p->name<<', '<<p->sex<<', '<<p->height<<endl;
```

说明：当定义指针变量指向一个结构体数组时，表示该指针只能指向其中的结构体元素，而不能指向结构体元素中的某一成员。例如，上例中的指针 p，允许指向结构体数组中某一元素的起始地址，而不允许指其元素中某一成员的地址。因此，语句 p=&number[i].num；是不合法的。

3. 用指向结构体的指针作为函数的参数

```
例1: #include <iostream>
    #include <string>
    using namespace std;
    struct student
    {  int num;
       string name;    //参见以下说明1
       char sex;
       float height;
    };


    void main(void)
    {  void print(struct student*);
       struct student record1;
       record1.num=1010;       //或 cin>> record1.num;
```

```
            record1.name="Li Ping";    //参见以下说明1
            record1.sex='M';
            record1.height =155.72;
            print(&record1);
        }
        void print(struct student *p)
        {   //或 cout<<p->num; 或 cout<<(*p).num;
            cout<<p->num<<" | "<<p->name<<" | "<<p->sex<<" | "<<p->height<<endl;
        }
```

说明:

◆　关于字符数组成员的使用方法，以上例为例:

方法1	string name;（必须#include <string>）	record1.name="HongHong";
方法2	char *name;	record1.name="HongHong";
方法3	char name[20];	strcpy(record1.name," HongHong");

◆　将 struct record 定义为全局类型的目的在于: 同一源文件中的各个函数都可以用它来定义变量的类型。

8.2.3 数据类型别名的使用

在程序设计中，对于一个已经存在的数据类型，除了可以使用已有命名以外，还可以另起一个或多个别名。这样做，既可以为较长的类型名另起一个较短的名字，也可以给已有的类型起一个有寓意的名字，提高可读性。

一般语法格式为:

```
typedef  已有类型名   新类型名表;
```

typedef 是在编译时完成的。其中的新类型名一般采用全部大写以便区别，且表中多个标识符（即多个别名）之间用逗号分开。

例1: typedef double LENGTH,WIDTH;
　　　LENGTH a; //等效于 double a;
　　　WIDTH b; //等效于 double b;
例2: typedef double GRADE[50];
　　　GRADE eng,mat,phy; //等效于 double eng[50], mat[50], phy[50];
例3: typedef struct student
　　　{ int num;
　　　　string name;
　　　　char sex;
　　　　float height;

```
}STU;
STU st1,st2;
```

说明：**typedef** 只能用来为已有的数据类型取新的名称（即起别名），而不能用于定义。例如，使用 **typedef** 定义变量或定义一个新的数据类型都是不合法的。

8.3　单向链表

链表是结构体的一种特殊运用，它是通过指针将一组结构体类型的数据连接在一起形成的结构表。链表有很多种不同的类型，包括单向链表、双向链表和环形链表等。

利用动态存储分配能够很好地解决程序运行前尚不确定或无法确定存储容量大小的问题。但是，如果需要把这些不同时刻获得的存储空间集中起来管理就很难了。而链表的使用改变了这种情况，它可以在程序运行时根据实际需要逐个分配内存空间，并且用它的指针可以把一系列的空间串联起来，就像一条链子一样。这样一来，就能够利用指针对整个链表进行管理。

本节主要学习单向链表，并在本教材中简称为链表。

8.3.1　链表的概念

单向链表的组成参见图 **8.1**。通常将链表的每个元素称为一个结点。链表中的每个结点由本结点的数据（也称数据域）和下一个结点的地址（也称指针域）两部分组成，即每个结点都包含指向下一个结点的指针。链表中，通常使用一个指针变量（如 **head**）存放链表首结点指针，使用另一个指针变量（如 **tail**）存放链表尾结点指针（其值为 NULL，即空指针）。链表的各个结点在内存中可以是不连续存放的，而具体存放位置由编译系统分配。

如图 **8.1** 所示，不带头结点的链表内容是直接从 head 所指结点开始，而带头结点的链表内容则是从 head 指向的结点的下一个结点开始。链表带头结点的目的一般是使程序实现起来更方便，比如在插入结点时就不用判断 head 是否为空。

（a）不带头结点的单向链表　　　　　　　（b）带头结点的单向链表

图 8.1　单向链表的组成示意图

与数组不同的是，链表的存储结构决定了对链表数据特殊的访问方式：链表只能从 head 开始顺序访问，不能进行随机访问，且链表的长度不是固定的。链表数据结构的这一特点使其可以非常方便地实现结点的插入和删除操作。

说明：

◆　对单向链表而言，头指针是非常重要的。头指针一旦丢失，链表中的数据也将全部丢失。

◆　空链表是指链表中没有任何结点的链表，它用一个值为 NULL 的指针变量表示。

◆　链表在使用的过程中要注意防范出现断链，因为一旦链表中某个结点的指针丢失，也就意味着将无法找到下一个结点，导致后面的所有结点数据都将丢失，也会因此引发内存泄漏。

◆　链表的优缺点：使用链表结构可以克服数组需要预先知道数据大小的缺点，可以充分利用计算机内存空间，实现灵活的内存动态管理。但是链表的特性也使得它失去了数组随机读取的优点，同时由于链表增加了结点的指针域，空间开销也相对加大。

8.3.2 链表的基本操作

链表的基本操作主要包括链表的构建、遍历、插入和删除等。

【案例 8.5】 链表的使用。

◇ **问 题 背 景**

通过阅读和上机调试该程序，加深对链表的理解，学习链表的基本操作。

◇ **思 路 分 析**

链表功能的实现，需要解决：在子函数内改变某指针的值时，相应地可以将该指针的变化反馈给主调用函数。具体设计可以采用如下方法：

① 调用函数时传递的是指向指针的指针参数，即使用 2 级指针参数。

```
例如：void initList(node **pHead) //初始化线性表，单链表的表头指针为空
    {   *pHead=NULL;
        cout<<"初始化成功"<<endl;
    }
    ……
    initList(&pH1);        //node *pH1=NULL;
    ……
```

② 调用函数时传递的是指针变量的引用参数（即指针变量的别名）。

```
例如：void initList(node *&pHead) //将 pHead 的变化反馈回主调函数
    {   pHead=new node;
    if(pHead!= NULL) {pHead->next=NULL; cout<<"初始化成功"<<endl; }
    else  { cout<<"建立链表失败。"<<endl; exit(1); }
    }
    ……
    initList(pH1);        //node *pH1=NULL;
    ……
```

③ 函数的返回值为指针类型。

```
例如：node *initList(node *pHead);
    ……
    pH1=initList(pH1); //node *pH1=NULL;
    ……
```

◇ **编 程 实 现**

```
//8.5 链表的使用
#include <iostream>
using namespace std;
// 定义数据类型
typedef  int nodeType ;
// 定义单链表结点类型
struct node
{   nodeType nData;
```

填空练习

```cpp
        node *next;
    };
    // 链表初始化，表头结点
    node *initList(node *pHead)        //结构体类型的参数，以及函数返回值为结构体指针类型
    {   pHead=new node;   //申请新存储空间（一个新结点），链表头指针
        if(pHead!= NULL)
            {   pHead->next=NULL;
                cout<<"初始化成功"<<endl;
            }
        else
            {   cout<<"建立链表失败。"<<endl; exit(1); }
        return pHead;
    }
    //输出链表结点数据
    void printList(node *pHead)
    {   if(pHead->next == NULL)    //链表为空
            cout<<"链表为空"<<endl;
        else
            {   cout<<"链表构成如下: \n";
                node *lp=pHead->next;
                while(lp!=NULL)
                    {   cout<<lp->nData<<"\t";
                        lp = lp->next;
                    }
                cout<<endl;
            }
    }
    // 向单链表的表头后插入一个结点
    void insertHead(node *pHead, nodeType insertData)
    {   node *it;
        it = new node;
        if(it!= NULL)
            {   it->nData = insertData;
                it->next = pHead->next;
                pHead->next = it;
            }
        else
            {   cout<<"插入结点失败"<<endl;
```

```cpp
            exit(1);
        }
}
// 向单链表的表尾后向插入一个结点
void insertTail(node *pHead, nodeType insertData)
{   node *lp;
    lp = new node;
    if(lp!= NULL)
      {   lp->nData = insertData;
          lp->next = NULL;
          //遍历到表尾
          node * lpTail = pHead;
          while(lpTail ->next != NULL)
              {
                    lpTail = lpTail ->next;
              }
          lpTail ->next=lp;
      }
    else
      {   cout<<"插入结点失败"<<endl;
          exit(1);
      }
}
// 向单链表的指定位后向插入一个结点
void insertMy(node *pHead, nodeType guideData, nodeType insertData)
{   node *pInsert,*it;
    pInsert=pHead->next;
    while(pInsert!=0)
    {   if(pInsert->nData==guideData)
        {   it=new node;
            if(it!=NULL)
              { it->nData = insertData;
                it->next = pInsert->next;
                pInsert->next = it;
              }
            else
              cout<<"插入结点失败"<<endl;
        }
```

```
            pInsert=pInsert->next;
        }
    }
//删除所有数值域值为 deleteData 的结点
void deleteMy(node *pHead, nodeType deleteData)
{    node *lp=pHead;
     while(lp->next!=0)    //删除所有数值域值为 deleteData 的结点
     {   if(lp->next->nData==deleteData)  //删除数值域值为 deleteData 的结点
            {   node *ptem=lp->next->next;
                delete lp->next; //释放所删除结点的存储空间
                lp->next=ptem;
            }
        else
            lp=lp->next;
     }
}
// 释放链表占据的空间
void deleteList(node *pHead)
{  node *lp;
   while(pHead->next != NULL)
       {  lp = pHead->next;     //保存下一结点的指针
          delete pHead;
          pHead = lp;   //表头下移
       }
   delete pHead;
   pHead=NULL;
}


void main(void)
{ int i=0,n,m1,m2,d1;
  node *pH1=NULL;
  pH1=initList(pH1);  //链表初始化
  cout<<"请输入构建链表所含结点数量: ";
  cin>>n;
  while(i<n)
  {  cin>>m1;
     insertHead(pH1,m1);
     i++;
```

```
    }
    cout<<"已成功建立链表:";
    printList(pH1);
    cout<<"请输入要在表头插入结点的数据：";
    cin>>m1;
    insertHead(pH1,m1);
    cout<<"请输入要在表尾插入结点的数据：";
    cin>>m1;
    insertTail (pH1,m1);
    printList(pH1);
    cout<<"请输入插入位结点数据和要插入的结点数据：";
    cin>>m1>>m2;
    insertMy(pH1,m1,m2);
    printList(pH1);
    cout<<"请输入要删除的结点数据值：\n";
    cin>>d1;
    deleteMy(pH1,d1);
    printList(pH1);
    deleteList(pH1);//释放链表占据的内存空间
}
```

◇ 运行结果

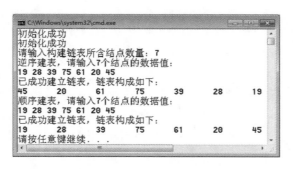

◇ 问题拓展

① 编写两个完成特定功能的子函数。其中，子函数一 void buildHead(node *pHead,int n)的功能为:按输入逆序建立一个带头指针和有 n 个结点的链表。子函数二 void buildTail(node *pHead,int n)的功能为：按输入顺序建立一个带头指针和有 n 个结点的链表。要求：输入输出结果参见下图。

参考程序

② 如何使用数组实现链表?

提示：可以使用数组元素的下标来表示结点的指针（这样的链表也称为静态链表）。

单向链表的使用方法

1. 链表的构建

把结构体、指针和动态分配内存结合使用，就可以构建一个链表。

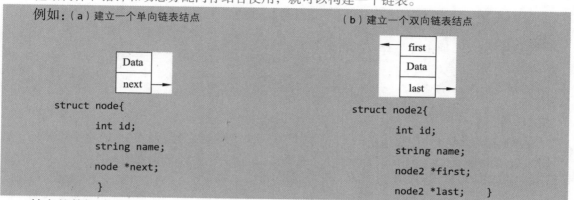

例如：（a）建立一个单向链表结点　　　　　　（b）建立一个双向链表结点

```
struct node{
    int id;
    string name;
    node *next;
    }
```

```
struct node2{
    int id;
    string name;
    node2 *first;
    node2 *last;    }
```

结点的数据域（Data）可以由多个任意类型（包括结构体等自定义数据类型）来构成。

而建立链表的过程，实际上就是不断在链表中插入结点的过程。

在构建单向链表时，通常可以采用以下方法：

① 在链表的头部不断插入新结点。一般需要有一个表头结点指针（例如 head）一直指向当前链表的最前的一个结点（这个结点可以是也可以不是链表的实际结点，参见图 8.1）。

② 在链表的尾部不断插入新结点。需要有一个表尾结点指针（例如 tail）一直指向当前链表的最后一个结点，以方便链表操作。否则，如果只有一个表头结点指针，那么在表尾的插入需要经过：首先从表头遍历到表尾，然后插入。

2. 单向链表的遍历

由于链表只能利用指针访问每个结点，因此链表的遍历是最基础的处理方式。也就是说，无论是要访问链表中的哪一个结点，都需要从头结点开始逐个访问各结点，直到目标结点为止。

单向链表遍历的基本程序段结构为：

```
令 p 指针指向表头，
while（p 不为空指针）{
    ……
    访问 p 所指向的结点
    ……
    P 指针向后移动一位
}
```

3. 链表的插入操作

设有头指针为 head 的单向链表，在其中某结点之后插入一个新结点的一般方法是：

首先获取插入位置（设该地址存放 lp），并新申请动态分配存储空间（设该首地址存放 it），然后对新结点（即 it 结点）的数据域赋值，最后将 it 结点插在 lp 结点之后，如图 8.2 所示。

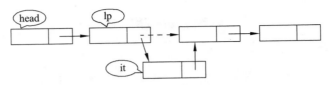

图 8.2 lp 之后插入新结点 it

完成将结点 it 插在结点 lp 之后的语句为：

```
it->next=lp->next;
lp->next= it;    //该语句执行位置也只能在上条语句之后
```

4. 链表的删除操作

在单向链表 head 中删除结点 it 的基本过程是：首先找到被删除结点 it 的前驱结点 lp，然后删除 lp 后继结点 it，如图 8.3 所示。完成删除 lp 后继结点 it 的语句为：

```
it=lp->next;
lp->next=it->next;
delete it;  // 释放该结点占据的空间
it=NULL;
```

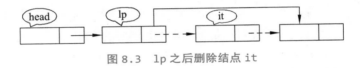

图 8.3 lp 之后删除结点 it

说明：

◆ 被从一个链表中删除的结点，可以加入其他链表中继续使用；如果决定不再使用，则必须释放该结点的空间。

◆ 在进行链表的插入和删除操作时，要非常注意是否为链表首尾结点相关，小心对头结点指针和尾结点指针的操作，谨防出现断链或结点丢失。

8.4　编程艺术与实战

在管理信息系统（如学生档案管理系统）中，一般采用数据库（一种数据集合）来存储和管理数据，并且常常需要对数据库中的记录（如学生基本信息记录，由学号、姓名、性别、年龄等构成）进行增加、删除和修改等维护性操作。

这里，以结构体类型数据为基础，编程实现简易管理信息系统。

8.4.1　经典算法在链表上的实现

很多优秀的算法都是建立在顺序存储结构上的，这里学习将一些经典法算法用在链式存储结构上来实现。

◇ **问题背景**

编程实现：（1）编制一个带头结点单链表的用户头文件 **myList.h**，其中的内容如下图所示（具体实现参见案例 8.5）。

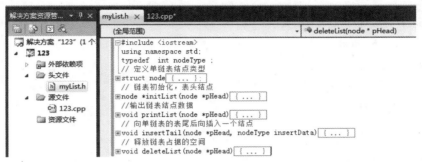

（2）链表数据域的数值来源本地机F:盘中数据文件j1.txt，如下图所示。

（3）编制void mySort(node *pHead)子函数，实现对链表的排序功能。

◇ **思路分析**

我们可以将选择法算法用在链式存储结构上来实现。

◇ **编程实现**

myList.h 头文件的内容参见案例 8.5。这里仅为 123.cpp 源程序清单。

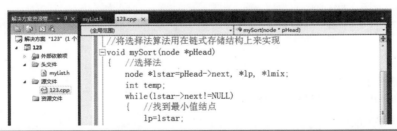

```
//8.6 链表的排序
#include <iostream>
_____
_____
using namespace std;
//将选择法算法用在链式存储结构上来实现

void mySort(node *pHead)
```

源程序　　头文件

```
{    //选择法
    node *lstar=pHead->next, *lp, *lmix;
    int temp;
    while(_____)
    {    //找到最小值结点
        lp=lstar;
        lmix=lstar->next;
        while(_____)
        {    if(lp->nData<lmix->nData)lmix=lp;
            lp = lp->next;
        }
        //完成位置交换
        if(_____)
        {   temp=lmix->nData;
            lmix->nData=lstar->nData;
            lstar->nData=temp;
        }
        _____;
    }
}

int main(void)
{ int i=0,n,m1,m2,d1;
  //构建链表
  node *pH1=NULL;
  _____;
  //读取数据文件为链表数据域赋初值
  _____;
    if(file1.fail())
        {    cout<<"open file1 j1.txt failed"<<endl;
            return 1;    }
  while(_____)
    {    file1>>m1;
        _____;
    }
  file1.close();
  cout<<"已成功建立链表, ";
  printList(pH1);
```

```
//====================================
cout<<"按数据域值由小到大排序，";
mySort(pH1);
printList(pH1);
deleteList(pH1);
return 0;
}
```

◇ 运行结果

```
初始化成功
已成功建立链表,链表构成如下:
12      78      34      90      29      42      33      66
按数据域值由小到大排序,链表构成如下:
12      29      33      34      42      66      78      90
请按任意键继续. . .
```

◇ 问题拓展

编制删除链表中最小值子函数，并使用案例 8.6 提供的头文件 **myList.h**，实现链表构建和删除链表中第 1 个最小值结点的功能。程序输出格式如下图所示。

参考程序

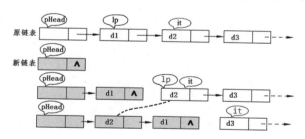

```
初始化成功
已成功建立链表,链表构成如下:
12      78      34      90      11      29      42      33      66
删除链表中第1个最小值结点后,链表构成如下:
12      78      34      90      29      42      33      66
请按任意键继续. . .
```

【案例 8.7】 链表的逆置。

◇ 问题背景

编制逆置链结点子函数，并使用案例 8.6 提供的头文件 **myList.h**，实现链表构建和链表逆置的功能。要求：链表原始数据来源本地机 **F:**盘中数据文件 **j1.txt**。

◇ 思路分析

如下图所示。首先保存原链表中首结点指针，并将原链表头结点的指针域置空，构建一个新链表。然后以在表头插入的方式，逐一将原链表结点插入到新链表中。

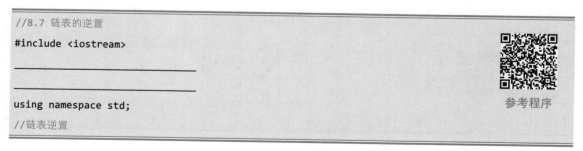

◇ 编程实现

```
//8.7 链表的逆置
#include <iostream>
_____
_____
using namespace std;
//链表逆置
```

参考程序

```
void myReverse(node *pHead)
{   node *lp=pHead->next, *it;
    //将表头结点置为空，构建"新"表
    _____;
    //取"原"结点在"新"表头插入
    while(_____)
    {   it=lp->next;

        _____;

        pHead->next=lp;

        lp=it;
    }
}
int main(void)
{ int i=0,n,m1,m2,d1;
    //构建链表
    node *pH1=NULL;
    _____;
    //读取数据文件为链表数据域赋初值
    _____;

    if(file1.fail())
        {   cout<<"open file1 j1.txt failed"<<endl;
            return 1;   }
    while(_____)
    {   file1>>m1;

        _____;

    }
    file1.close();
    cout<<"已成功建立链表,";
    printList(pH1);
    //==============================
    cout<<"链表逆置, ";
    myReverse(pH1);
    printList(pH1);
    deleteList(pH1);
    return 0;
}
```

◇ 运行结果

```
C:\Windows\system32\cmd.exe

初始化成功
已成功建立链表,链表构成如下:
12      78      34      90      11      29      42      33      66
链表逆置，链表构成如下:
66      33      42      29      11      90      34      78      12
请按任意键继续. . .
```

◇ 问题拓展

编制在一个升序单链表中有序插入一个元素结点的子函数，并使用案例 8.6 提供的头文件 **myList.h**，实现链表构建和链表中插入一个结点后仍然保持有序的功能。输入输出格式参见以下示例图。提示：要使用头、尾和中间数据测试。

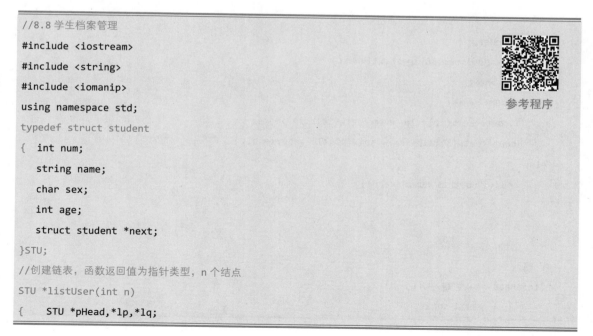

8.4.2 学生档案管理

【案例8.8】 学生档案管理。

◇ 问题背景

编程实现：① 使用结构体建立学生信息，内容包括学号、姓名、性别、年龄，然后使用链表存储；② 遍历链表，输出学生信息；③ 根据由键盘输入的学号，查找表中是否存储有该学生的信息，如有则输出。

◇ 思路分析

建立一个单向链表结点 struct student，并使用 typedef 定义类型名为 STU。

创建带表头的单向链表。因为需要将创建的表头指针返回，所以创建链表函数 listUser() 的返回值为 STU 指针类型。

◇ 编程实现

```
//8.8 学生档案管理
#include <iostream>
#include <string>
#include <iomanip>
using namespace std;
typedef struct student
{  int num;
   string name;
   char sex;
   int age;
   struct student *next;
}STU;
//创建链表，函数返回值为指针类型，n 个结点
STU *listUser(int n)
{    STU *pHead,*lp,*lq;
```

参考程序

```
        pHead=new STU;
        _____;
        cout<<"请输入"<<n<<"个学生的信息: "<<endl;
        for(int i=0;i<n;i++)
        {   lq=new STU;
            lp->next=lq;
            lp=lq;cout<<"请输入第"<<i+1<<"个学生的学号、姓名、性别（男: m，女: f）和年龄: "<<endl;
            cin>>lp->num>>lp->name>>lp->sex>>lp->age;
        }
        _____;
        _____;
}
//输出链表元素
void listPrint(STU *pHead)
{   STU *lp;
    lp=pHead->next;
    while(lp!=0)
    {   cout<<setw(10)<<lp->num<<setw(10)<<lp->name;
        cout<<setw(3)<<lp->sex<<setw(4)<<lp->age<<endl;
        lp=lp->next;
    }
}
//查找链表元素
void listFind(STU *pHead,int num)
{   STU *lp=pHead;
    while(lp->num!=num && lp->next!=NULL)
        lp=lp->next;
    if(lp->num==num)
        {   cout<<setw(10)<<lp->num<<setw(10)<<lp->name;
            cout<<setw(3)<<lp->sex<<setw(4)<<lp->age<<endl; }
    else
        cout<<"no this num."<<endl;
}
// 释放链表占据的空间
void listClear(STU *pHead)
{ STU *lp;
   while(pHead->next != NULL)
       { lp = pHead->next;
```

```
            delete pHead;
            pHead = lp;    }
    delete pHead;
    pHead=NULL;
}
//===========================
void main(void)
{ _____;
    int n,num;
    cout<<"请输入学生数量: ";
    cin>>n;
    _____;
    listPrint(pHead);
    cout<<"请输入要查询的学号: ";
    cin>>num;
    listFind(pHead,num);
}
```

◇ 运行结果

```
C:\Windows\system32\cmd.exe
请输入学生数量: 5
请输入5个学生的信息:
请输入第1个学生的学号、姓名、性别（男: m，女: f）和年龄:
20170010 zhangsan m 19
请输入第2个学生的学号、姓名、性别（男: m，女: f）和年龄:
20170011 wanghong f 20
请输入第3个学生的学号、姓名、性别（男: m，女: f）和年龄:
20170021 zhanghe m 19
请输入第4个学生的学号、姓名、性别（男: m，女: f）和年龄:
20170101 zhaohu m 21
请输入第5个学生的学号、姓名、性别（男: m，女: f）和年龄:
20170111 huangqiu f 18
     20170010   zhangsan   m   19
     20170011   wanghong   f   20
     20170021   zhanghe    m   19
     20170101   zhaohu     m   21
     20170111   huangqiu   f   18
请输入要查询的学号: 20170021
     20170021   zhanghe    m   19
请按任意键继续. . .
```

8.4.3　学生成绩管理

【案例8.9】　学生成绩管理。

◇ 问题背景

编程实现一个简单的管理信息系统：输入多名学生的各科成绩，统计班级成绩，并给成绩管理系统增加菜单，具有查找、排序、删除和统计功能。

◇ 思路分析

传统的软件开发过程可划分为七个阶段：问题定义与可行性研究、需求分析、概要设计、详细设计、编码和调试、测试、使用维护。对于本例中要开发的学生成绩管理系统，从需求分析到维护的全过程如下：

（1）问题定义与可行性分析

由于学校经常需要对学生成绩进行管理（不单单是输入和输出，还要对成绩进行查找、排序、统计等），因此，开发一个学生成绩管理系统非常必要。本系统需要提供强大的学生成绩管理功能，方便系统管理员对学生成绩等信息进行查找、排序、删除和统计。

（2）功能需求分析

本学生成绩管理系统主要有 5 个大的模块：学生成绩的输入，学生成绩在屏幕上的输出，学生成绩的查询，学生成绩的排序，以及学生成绩的统计等，另外还可以将学生成绩保存在文件中，实现成绩数据的读取操作。

① 学生成绩输入模块。

该模块的主要功能是完成输入学生成绩的操作，需要用户自己输入学生的成绩信息。

② 学生成绩显示模块。

该模块的主要功能是将输入的学生成绩显示在屏幕上。

③ 学生成绩查询模块。

该模块的主要功能是根据输入学号，实现对该生成绩信息的查询。需要用户完成学号的输入。

④ 学生成绩排序模块。

该模块的主要功能是根据平均分对学生的成绩进行降序排列。由于用户只输入了学生的各科成绩，因此需要在程序中添加计算总分和平均分的学生成绩汇总模块。

⑤ 学生成绩的统计。

该模块的主要功能是统计各科的最高分以及总分的最高分。

（3）概要设计

由需求分析可得该系统的模块结构图，如图 8.4 所示。

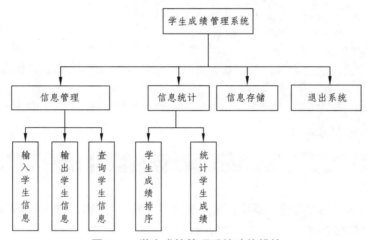

图 8.4　学生成绩管理系统功能模块

由于用户根据不同需要，执行的操作共有 5 种，因此可以先设计一个主界面，供用户选择不同操作的选项。由键盘输入选项后点击回车则可进入相关页面进行操作，如图 8.5 所示。

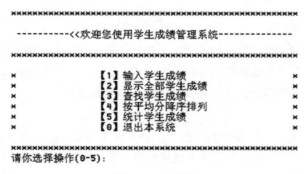

图 8.5　主界面

（4）详细设计

每个函数的具体功能：

① 主函数 main()：通过定义的学生结构体，调用相应函数对成绩表进行处理。

② 录入函数 Input()：输入学号到线性代数课成绩。

③ 输出函数 Output()：输出所有学生的成绩记录。

④ 查询函数 Lookup()：查询指定学号学生的成绩记录。

⑤ 排序函数 Sort()：按平均分对学生成绩记录项进行降序排序。

⑥ 统计函数 Statistic()：计算平均成绩。

（5）编码和调试

编码和调试是整个程序设计过程中十分重要的环节。程序的源代码详见之后的"编程实现"部分。在程序的调试过程中，逻辑错误是较难找出的，因为导致逻辑错误的原因很多，又不易在编译时发现，因此需要细心地检查程序。

（6）测试

软件测试策略主要包括单元测试、综合测试、确认测试以及系统测试。

单元测试由开发人员在完成某一模块编码并通过复审、编译检查之后参考详细设计报告进行，采用白盒测试的方法，目的在于发现模块内部错误。

综合测试由测试人员在完成模块集成之后参考概要设计报告进行，目的是检查模块之间的接口是否正确。综合测试采用自底向上的集成策略，一边将模块组合成越来越大的系统，一边运行该系统，以分析所组成的系统是否正确，各组成部分是否正常工作。

确认测试由测试人员在软件完全集成并排除接口方面的错误之后参考需求分析说明书进行，采用黑盒测试的方法，目的在于检测软件是否满足需求分析说明书中的功能要求。

系统测试的目的在于充分运行系统，验证系统各部件是否都能正常工作并完成所承担的任务。系统测试包括恢复测试、安全测试、强度测试以及性能测试等。

（7）使用维护

为了持久满足用户需要，软件需不时维护。维护包含三方面的内容：校正性维护，指排除使用中暴露出的错误；适应性维护，指使软件适应运行环境的变化；完善性维护，指对软件的功能加以扩充。例如，在本例中，若需要进一步扩展为学籍管理系统也是可行的，例如增加修改学生成绩、删除学生成绩等模块来扩充系统功能。

◇ **数据结构与算法设计**

① 输出成绩管理系统的初始界面和欢迎语。

② 定义学生结构体和学生结构体数组。定义 3 个整型变量成员，分别用于存储学生的输入序号、学号和平均分排序序号；定义 1 个字符数组成员，用于存储学生的姓名；定义 5 个实型变量成员，分别用于存储学生的英语成绩、高等数学成绩、线性代数成绩、总分和平均分。

③ 请用户选择菜单选项，并根据用户的选择进入相应的功能模块。

④ 如果用户选择"输入学生成绩"，则提示用户输入该学生的学号、姓名、英语成绩、高等数学成绩、线性代数成绩，将用户输入的信息赋给相应的对象存储，并保存数据在文件中。再根据需要选择是否继续输入下一名学生的成绩，如不需要则按"N"或"n"。否则按"Y"或"y"（只能输入不超过 100 名学生的成绩）。

⑤ 如果用户选择"显示全部学生成绩"，则输出班级成绩单。

⑥ 如果用户选择"查找学生成绩",则提示用户输入学生的学号,使用线性查找方式查找学生信息。如果不存在该学生,则提示用户;如果存在该学生,则输出该学生的成绩单。

⑦ 如果用户选择"按平均分降序排列",则使用冒泡排序方法,根据学生的平均分进行排序。使用一个变量 order 存储每个名次对应的学生序号,并按学生的名次输出班级成绩单。

⑧ 如果用户选择"成绩统计",则统计出每科最高成绩、平均分最高成绩以及取得相应最高分的学生的信息。

⑨ 如果用户选择"退出本系统",则程序结束。

◇ 编程实现

```cpp
//8.9 学生成绩管理
#include <iostream>
#include <fstream>
#include <string>
#include <iomanip>
using namespace std;
//构建学生结构体
struct Stu
{    int xuhao;          //序号
     int student_ID;        //学号
     char student_name[20];     //姓名
     float English_score;       //英语成绩
     float Higher_mathematics_score;     //高等数学成绩
     float Linear_algebra_score;      //线性代数成绩
     float sum_score;      //总分
     float ave_score;      //平均分
     int order;         //排序
} stud[100];
//===============================================
void Write(Stu stud[],int n);      //向文件中写入数据
int Read(Stu stud[]);       //从文件中读数据
void Input(Stu stud[]);       //输入学生成绩
void Statistic(Stu stud[]);       //统计学生数据
void Lookup(Stu stud[]);       //查找学生成绩
void Sort(Stu stud[]);        //按平均分对学生成绩记录项进行降序排序
void Output(Stu stud[]);        //显示全部学生成绩
//===============================================
//向文件中写入数据
void Write(Stu stud[],int n)
{    fstream myFile;
```

参考程序

```
        myFile.open("f:\\test\\student.txt",ios::out|ios::binary);
        if(!myFile)
            {cout<<"student.txt can't open!"<<endl;
        abort();}}
        int myCount=n;
        myFile<<myCount<<endl<<endl;
        for(int i=0;i<=myCount;i++)
            {myFile<<stud[i].xuhao<<" "<<stud[i]. student_ID <<" "<<stud[i]. student_name
            <<" "<<stud[i].English_score<<" "<<stud[i].Higher_mathematics_score
            <<" "<<stud[i].Linear_algebra_score<<" "<<stud[i]. sum_score
            <<" " <<stud[i]. ave_score<<" "<<endl;}
            myFile.close();
}
```
//从文件中读数据
```
int Read(Stu stud[])
{   fstream myFile;
    myFile.open("f:\\test\\student.txt",ios::in|ios::binary);
    if(!myFile)
        {cout<<"student.txt can't open!"<<endl; abort();}
    int myCount;
    myFile.seekg(0);
    myFile>>myCount;
    for(int i=0;i<=myCount;i++)
    {myFile>>stud[i].xuhao>>stud[i].student_ID>>stud[i].student_name
        >>stud[i].English_score>>stud[i].Higher_mathematics_score
        >>stud[i].Linear_algebra_score>> stud[i]. sum_score
        >>stud[i].ave_score; }
    myFile.close();
    return myCount ;
}
```
//输入学生成绩
```
void Input(Stu stud[])
{   system("cls");    //运行前清屏
    int i=0;
    int flag;
    char sign;
    cout<<endl<<"====>> 请输入学生成绩 <<===="<<endl;
    while(sign!='n'&&sign!='N')        //判断
```

```
{   stud[i].xuhao=i+1;
    loop:
    cout<<"    学号:";
    cin>>stud[i].student_ID;
    int c=0;
    while(c<i)
    {   c++;
        if(stud[i]. student_ID ==stud[i-c]. student_ID)
            {   cout<<"  你输入的学号已经存在!请重新输入。"<<endl;
                goto loop;}
    }
    cout<<"    姓名:";
    cin>>stud[i].student_name;
    do {
        flag=0;
        cout<<"    英语成绩:";
        cin>>stud[i]. English_score;
        if(stud[i]. English_score >100 ||stud[i].English_score<1)
            cout<<"对不起,请输入 1-100 之间的数字!\n";
        else
            flag=1;
         }while(flag==0);
      do {
          flag=0;
          cout<<"      高等数学成绩:";
          cin>>stud[i].Higher_mathematics_score;
          if( stud[i].Higher_mathematics_score>100
             ||stud[i].Higher_mathematics_score<1)
            cout<<"对不起,请输入 1-100 之间的数字!\n";
          else
            flag=1;
        }while(flag==0);
    do {
        flag=0;
        cout<<"    线性代数成绩:";
        cin>>stud[i].Linear_algebra_score;
        if(stud[i].Linear_algebra_score>100 ||stud[i].Linear_algebra_score<1)
            cout<<"对不起,请输入 1-100 之间的数字!\n";
        else
```

```
                        flag=1;
                }while(flag==0);
            stud[i]. sum_score=stud[i].English_score+stud[i]
                .Higher_mathematics_score+stud[i].Linear_algebra_score;
                stud[i].ave_score=stud[i]. sum_score /3;

                cout<<"    平均分为: "<<stud[i].ave_score<<endl;

                cout<<"====>提示: 是否继续写入学生成绩?(Y/N)";

                cin>>sign;    //输入判断

                i++;

        }
    Write(stud,i);
}
//统计学生数据

void Statistic(Stu stud[])
{   system("cls");    //运行前清屏
    //定义变量代表英语最高分、最低分、最高分的序号、最低分的序号

    float max_English_score=0.0;

    float min_English_score=0.0;

    int max_English_order=0;

    int min_English_order=0;
    //定义变量代表高等数学最高分、最低分、最高分的序号、最低分的序号

    float max_Higher_mathematics_score=0.0;

    float min_Higher_mathematics_score=0.0;

    int max_Higher_mathematics_order=0;

    int min_Higher_mathematics_order=0;
    //定义变量代表线性代数最高分、最低分、最高分的序号、最低分的序号

    float max_Linear_algebra_score=0.0;

    float min_Linear_algebra_score=0.0;

    int max_Linear_algebra_order=0;

    int min_Linear_algebra_order=0;
    //定义变量代表平均分最高分、最低分、最高分的序号、最低分的序号

    float max_ave_score=0.0;

    float min_ave_score=0.0;

    int max_ave_order=0;

    int min_ave_order=0;

    int n=Read(stud);
    //进行成绩统计
```

```
for(int i=0;i<n;i++)
{    if(stud[i].English_score>max_English_score)
        {max_English_score=stud[i].English_score;
         max_English_order=i;}
    if(stud[i].English_score <min_English_score)

        {min_English_score=stud[i].English_score;
         min_English_order=i;}
    if(stud[i].Higher_mathematics_score>max_Higher_mathematics_score)
        {max_Higher_mathematics_score=stud[i].Higher_mathematics_score;
         max_Higher_mathematics_order=i;        }
    if(stud[i].Higher_mathematics_score <min_Higher_mathematics_score)
        {min_Higher_mathematics_score=stud[i].Higher_mathematics_score;
         min_Higher_mathematics_order=i;}
    if(stud[i].Linear_algebra_score>max_Linear_algebra_score)
        { max_Linear_algebra_score=stud[i].Linear_algebra_score;
         max_Linear_algebra_order=i;}
    if(stud[i].Linear_algebra_score <min_Linear_algebra_score)
        {min_Linear_algebra_score=stud[i].Linear_algebra_score;
         min_Linear_algebra_order=i;}
    if(stud[i].ave_score>max_ave_score)
        {max_ave_score=stud[i].ave_score;
         max_ave_order=i;}
    if(stud[i].ave_score <min_ave_score)
        {min_ave_score=stud[i].ave_score;
         min_ave_order=i;}
}
//输出统计结果
cout<<"英语最高分为"<< max_English_score<<",该学生学号"
    << stud[max_English_order].student_ID<<"姓名"
    << stud[max_English_order].student_name<<endl;
cout<<"高等数学最高分为"<< max_Higher_mathematics_score
    <<",该学生学号"<< stud[max_Higher_mathematics_order].student_ID
    <<"姓名"<< stud[max_Higher_mathematics_order].student_name<<endl;
cout<<"线性代数最高分为"<< max_Linear_algebra_score <<",该学生学号"
    << stud[max_Linear_algebra_order].student_ID<<"姓名"
    << stud[max_Linear_algebra_order].student_name <<endl;
cout<<"平均分最高分为"<< max_ave_score <<",该学生学号"
```

```
        << stud[max_ave_order]. student_ID<<"姓名"
        << stud[max_ave_order]. student_name <<endl;
}
//查找学生成绩
void Lookup(Stu stud[])
{    system("cls");   //运行前清屏
    int n=Read(stud);
    int s, i=0;
    cout<<endl<<"====>> 查找学生成绩 <<===="<<endl;
    cout<<"请输入需要查找学生的学号:"<<endl;
    cin>>s;
    while((stud[i].student_ID-s)!=0&&i<n) i++;   //查找判断
    if(i==n)    //输入失败信息
      { cout<<"====>>提示：对不起，无法找到该学生的信息！"<<endl; }
    else
      {   cout<<"---------------------------"<<endl;
        cout<<"序号:"<<stud[i].xuhao<<endl;   //输出该学生信息
        cout<<"学号:"<<stud[i].student_ID<<endl;
        cout<<"姓名:"<<stud[i].student_name<<endl;
        cout<<"英语:"<<stud[i].English_score<<endl;
        cout<<"高等数学:"<<stud[i].Higher_mathematics_score<<endl;
        cout<<"线性代数:"<<stud[i].Linear_algebra_score<<endl;
        cout<<"总分:"<<stud[i].sum_score <<endl;
        cout<<"平均分:"<<stud[i].ave_score<<endl;
      }
}
//按平均分对学生成绩记录项进行降序排序
void Sort(Stu stud[])
{    system("cls");    //运行前清屏
    int i,j,k;
    float s;
    char t[20];
    cout<<endl<<"====>> 降序排序成绩 <<===="<<endl;
    int n=Read(stud);
    for(i=0;i<n-1;i++)    //冒泡法排序
      for(j=0;j<n-1-i;j++)
        if(stud[j].ave_score<stud[j+1].ave_score)
        {   k=stud[j+1].xuhao;
```

```cpp
            stud[j+1].xuhao=stud[j].xuhao;
            stud[j].xuhao=k;
            k=stud[j+1].student_ID;
            stud[j+1]. student_ID =stud[j]. student_ID;
            stud[j]. student_ID =k;
            strcpy(t,stud[j+1].student_name);
            strcpy(stud[j+1]. student_name,stud[j]. student_name);
            strcpy(stud[j]. student_name,t);
            s=stud[j+1].English_score;
            stud[j+1].English_score=stud[j].English_score;
            stud[j].English_score=s;
             s=stud[j+1].Higher_mathematics_score;
             stud[j+1].Higher_mathematics_score=stud[j].Higher_mathematics_score;
            stud[j].Higher_mathematics_score=s;
            s=stud[j+1].Linear_algebra_score;
            stud[j+1].Linear_algebra_score=stud[j].Linear_algebra_score;
            stud[j].Linear_algebra_score=s;
            s=stud[j+1].sum_score;
            stud[j+1]. sum_score =stud[j]. sum_score;
            stud[j]. sum_score=s;
            s=stud[j+1].ave_score;
            stud[j+1].ave_score=stud[j].ave_score;
            stud[j].ave_score=s;}
    cout<<"-----------------------------------------------------"<<endl;   //格式头
    cout<<setw(8)<<"序号"<<setw(8)<<"学号"<<setw(8)<<"姓名"<<setw(8)
        <<"英语"<<setw(8)<<"高等数学"<<setw(8)<<"线性代数"<<setw(8)
        <<"总分"<<setw(8)<<"平均分"<<setw(8)<<"名次"<<endl;
    cout<<"-----------------------------------------------------"<<endl;
    for(i=0;i<n;i++)      //循环输入
      { stud[i].order=i+1;
        cout<<setw(8)<<stud[i].xuhao<< setw(8)<<stud[i].student_ID
            <<setw(8)<<stud[i].student_name<<setw(8)<<stud[i].English_score
            <<setw(8)<<stud[i].Higher_mathematics_score<<setw(8)
            <<stud[i].Linear_algebra_score<<setw(8)<<stud[i].sum_score
            <<setw(8)<<stud[i].ave_score<<setw(8)<<stud[i].order<<endl;
      }
    Write(stud,n);
}
//显示全部学生成绩
```

```cpp
void Output(Stu stud[])
{    system("cls");
     int n=Read(stud);
     cout<<endl<<"====>> 显示全部学生成绩 <<===="<<endl;
     if(!stud)
       cout<<"没有记录";
     else
       { cout<<"----------------------------------------------------"<<endl;    //格式头
         cout<<setw(8)<<"序号"<<setw(8)<<"学号"<<setw(8)<<"姓名"
             <<setw(8)<<"英语"<<setw(8)<<"高等数学"<<setw(8)
             <<"线性代数"<<setw(8)<<"总分"<<setw(8)<<"平均分"<<endl;
         cout<<"------------------------------------------------"<<endl;
         for(int i=0;i<n;i++)    //循环输入
         { cout<<setw(8)<<stud[i].xuhao<<setw(8)<<stud[i].student_ID<<setw(8)
               <<stud[i].student_name<<setw(8)<<stud[i].English_score<<setw(8)
               <<stud[i].Higher_mathematics_score<<setw(8)
               <<stud[i].Linear_algebra_score<<setw(8)<<stud[i].sum_score
               <<setw(8) <<stud[i].ave_score<<endl;}
           cout<<"----------------------------------------------------"<<endl;
       }
}
//菜单函数
int menu()
{    char c;
     do
     {    system("cls");  //运行前清屏
          cout<<" *************************************************\n\n";
          cout<<"   ----------<<欢迎您使用学生成绩管理系统-------------\n\n";
          cout<<" *************************************************\n\n";
          cout<<" *                【1】输入学生成绩                    *\n";
          cout<<" *                【2】显示全部学生成绩                *\n";
          cout<<" *                【3】查找学生成绩                    *\n";
          cout<<" *                【4】按平均分降序排列                *\n";
          cout<<" *                【5】统计学生成绩                    *\n";
          cout<<" *                【0】退出本系统                      *\n\n";
          cout<<" *************************************************\n ";
          cout<<"请你选择操作(0-5):"<<endl;   //菜单选择
          c=getchar();  //读入选择
     }
     while(c<'0'||c>'5');
```

```
            return(_____);    //返回选择
}
//主函数
int main(void)
{   for(;;)
       {switch(menu())  //选择判断
         {case 1:
             Input(stud);//输入学生成绩
             break;
          case 2:
             Output(stud);   //显示全部学生成绩
             cout<<"\t\t\t";
             break;
          case 3:
             Lookup(stud);  //查找学生成绩
             cout<<"\t\t\t";
             break;
          case 4:
             Sort(stud);  //按平均分对成绩记录项进行降序排序
             cout<<"\t\t\t";
             break;
          case 5:
             Statistic(stud);  //输出学生统计数据
              break;
           case 0:
           cout<<endl<<" =============================="
               <<"感谢您使用学生成绩管理系统"
               <<"==============================\n"<<endl;   //结束程序
           cout<<"\t\t\t";
               _____
         }
       }
     return 0;
}
```

◇ 运行结果

① 设键盘输入：**1**

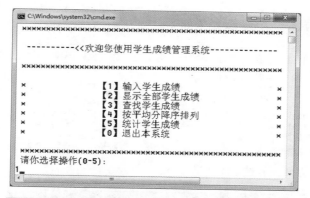

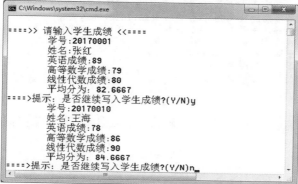

② 若结束输入，则按 "N" 或 "n"，回到主页面。若选 2，结果如下：

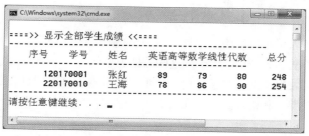

③ 按任意键回到主界面，若选 3，结果如下：

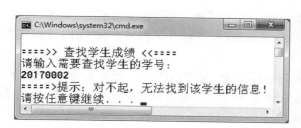

④ 按任意键回到主界面，若选 4，结果如下：

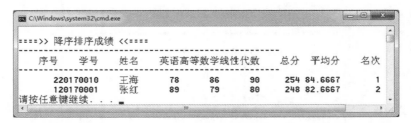

⑤ 按任意键回到主界面，若选 5，结果如下：

◇ **问题拓展**

进一步扩展系统功能，如统计最低分，删除学生数据，修改学生数据等。

本章练习

就群体数据而言，除了可以使用数组外，C++还提供枚举、共用体（也称联合体）、结构体和类等用户自定义数据类型（或称构造类型）。这些数据类型的每一个分量，既可以是一个基本类型，也可以又是一个自定义数据类型，并且这些分量可以像基本类型一样进行赋值、存取、运算等操作。同样的，这些数据类型和指针配合使用可表示许多复杂的动态数据结构，以便于解决一些比较复杂的事物。

当需要为某个对象关联一组可选属性值时（例如，一个"星期"有七个属性值：Sunday，Monday，……，Saturday），可以将这个对象定义为一个枚举类型。

而对于不同类型的数据，如果它们的使用时间不，则可以用一个共用体类型的变量来组织这些数据。它能够使这些变量共用同一内存区，达到节省存储空间的目的。

数组是同类型数据的聚集，而结构体可以是任意类型数据的聚集。当需要将两种及以上不同数据类型的数据组合在一起构成新的数据类型时，可以使用结构体变量。而对于一组性质相同的结构体变量，通常用结构体数组表示。例如：在学生档案中，每个学生的数据由学号、姓名、性别、年龄等组成。这时，可以使用一个结构体变量表示一个学生的档案，而使用一个结构体数组来表示若干个学生的档案。

在编程时除了可以使用基本数据类型名和自定义数据类型名以外，还可以给一个已经存在的数据类型起一个或起多个别名。这样做的好处是：① 为较长的类型名另起一个短名；② 给已有的类型起一个有寓意的名字，提高可读性。

利用动态存储分配能够很好地解决程序运行前尚不确定或无法确定存储容量大小的问题。但是，如果需要把这些不同时刻获得的存储空间集中起来管理就很难了。链表的出现改变了这种情况，它可以在程序运行时根据实际需要逐个分配内存空间，并且用它的指针可以把一系列的空间串联起来，就像一条链子一样。这样一来，就能够利用指针对整个链表进行管理。

　　链表是结构体的一种特殊运用，它是通过指针将一组结构体类型的数据连接在一起形成的结构表。链表有很多种不同的类型，包括单向链表、双向链表和环形链表等。

　　单向链表中的每个结点由数据部分（也称数据域）和下一个结点的地址（也称指针域）两部分组成，即每个结点都包含指向下一个结点的指针。所以，把结构体、指针和动态分配内存结合使用，就可以构建一个链表。而由于链表只能利用指针访问每个结点，因此链表的遍历是最基础的处理方式。

　　在单向链表中插入一个新结点的一般方法是：首先找到插入位置 lp，然后申请新结点动态分配存储空间 it，并对 it 结点的数据域赋值，最后将 it 插在 lp 之后。而在单向链表中删除结点 it 的基本过程是：首先找到被删除结点 it 的前驱结点 lp，然后删除 lp 后继结点 it。被从一个链表中删除的结点，可以加入其他链表中继续使用；如果决定不再使用，则必须释放该结点的空间。在进行链表的插入和删除操作时，要非常注意到是否为链表首尾结点相关，小心对头结点指针和尾结点指针的操作，谨防出现断链或结点丢失。

[提高篇——OOP]

　　面向对象程序设计（Object-Oriented Programming，OOP）是模拟自然界认识和处理事物的方法，将数据的形式和对数据的操作方法组织在一起，形成一个相对独立的整体，称为对象。建立的对象由各个结构化程序组件构成，对象的行为靠消息触发而激活。

　　本篇的预期教学目标是，学习者能够很好地理解和掌握"什么时候使用"和"怎样使用"面向对象程序设计技能来编程解决实际问题。

　　而要达到学有所获，就需要学习者充满自信并不断地动手实践。

第 9 章　面向对象程序设计

SP（结构化程序设计）是面向过程的，编程单位是函数，而 OOP（面向对象程序设计）是面向对象的，编程单位是类，并通过类实例化（即生成）对象。简单地讲，面向对象程序设计是把问题系统分解成若干类，并且实例化对象的目的不是为了完成一个步骤，而是为了描述某个事物在整个问题解决过程中的行为。

本章预期学习成果：

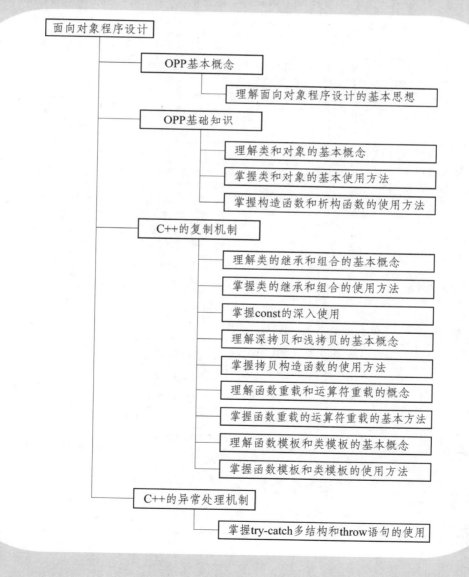

面向对象程序设计
- OPP基本概念
  - 理解面向对象程序设计的基本思想
- OPP基础知识
  - 理解类和对象的基本概念
  - 掌握类和对象的基本使用方法
  - 掌握构造函数和析构函数的使用方法
- C++的复制机制
  - 理解类的继承和组合的基本概念
  - 掌握类的继承和组合的使用方法
  - 掌握const的深入使用
  - 理解深拷贝和浅拷贝的基本概念
  - 掌握拷贝构造函数的使用方法
  - 理解函数重载和运算符重载的概念
  - 掌握函数重载的运算符重载的基本方法
  - 理解函数模板和类模板的基本概念
  - 掌握函数模板和类模板的使用方法
- C++的异常处理机制
  - 掌握try-catch多结构和throw语句的使用

本章案例索引：

9.1 OOP 基本概念

如果把自然界中各式各样的事物称为对象，例如老人、猎豹、汽车、松树等，那么客观世界就是由许许多多的对象组成的，而将许许多多的对象按其本质特征进行类别归纳，是人们认识客观世界常用的思维方法。

就每个对象来说，它们都拥有着自己的属性（静态特征）和行为（动态特征），例如人能够用语言交流和直立行走，机动车有动力装置和可单独行驶等。而且，同一类对象具有相同的基本属性和行为，不同类的对象也可存在一些相似的属性和行为，例如人和猩猩、机动车与非机动车等。当从外界向对象发送信息（一般称为消息）时，可以控制或影响对象的活动。

而"以对象作为构成系统的基本单位，并且对象的行为靠消息触发而激活"，这种使用与人类认知规律相近似的方式和方法去编制和实现一个系统，就是面向对象程序设计。

并且随着计算机技术的发展，程序设计的重点已经转移到对数据的组织。为适应计算机技术发展的需求，C++语言在 C 语言的基础上发展起来。它通过提供新的数据类型"类"和"对象"以及抽象性、封装性、继承性和多态性等基本特征，支持面向对象程序设计。

C++程序中的"对象"由数据（体现对象的属性）和函数（实现对象的行为，也称为方法）两部分组成；而"类"则是具有相同属性和相同方法的对象的模板（一种抽象数据类型，反映同一类对象的本质，是对象结构的表述）。所以，类是对象的一种抽象（模型），而对象则是类的具体实例（或具体表现形式），就好像客观世界的"人类"是对人的抽象，而某个人则是"人类"的一员（一个具体实例）。

综上所述，在面向对象程序设计中，基于对典型问题的分析，其设计核心：一是设计解决问题所需要的各种类，即确定将哪些属性数据和操作数据的一组函数封装在一起；二是设计向（由这些类生成的）对象发出的命令，即确定对象之间如何进行交互以完成其总体目标。

9.2 OOP 基础知识

在 C++中，类是一种抽象数据类型。通过自定义类可以将某种类型的对象所具有的与本设计相关的属性和行为封装起来，通过类的实例化和成员访问可以表现出与其对象相符的行为。

9.2.1 类和对象的使用

面向对象程序设计的核心是设计所需要的类和对象。

【案例 9.1-1】　汽车的问题。

◇ **问题背景**

通常汽车有新车和二手车之分。车主买回一辆新汽车，在使用过程中不断加油（把油箱加满或指定加油量）和行驶，如何准确描述汽车行驶里程与油耗之间的关系？

◇ **思路分析**

在一个汽车类中，通常有汽车的里程表读数、油表读数等基本信息和加油与耗油等基本行为。就本设计来看，更关心行驶多少里程、耗油多少、需要加多少油、查看汽车基本状况等信息。

而对于新车或二手车的赋初值以及加油，可以使用函数重载来实现。

◇ **数据结构与算法**

规划数据结构如下：

① 定义 1 个汽车类（参见 class car{}; ）。

a．基本属性（数据成员）有：

int carHounderOil;	//百公里油耗
int carVolumeOfTank;	//油箱容积
int carOilMeter;	//油表
int carDistanceLast;	//行驶公里数

b．基本行为（函数成员）有：

void initCar()	//赋初值函数，初始化为新车加满油
void initCar(int)	//重载 initCar()函数，初始化为新车未加满油
void initCar(int, int)	//重载 initCar()函数，初始化为二手车
int oilEat(int)	//计算油耗
void run(int)	//汽车行驶里程与油耗的关系
void addOil()	//向油箱加满油
void addOil(int)	//重载 addOil()函数，向油箱中加定量的油
void inforOfCar()	//汽车行驶的基本信息

② 定义 2 个 car 类型的对象 car1 和 car2，分别表示新车和二手车。

设计算法如下：

通过对象 car1 和对象 car2 的访问，完成油耗与里程的计算。例如：

> 当
> 初始化为新车加满油（参见 car1.initCar(); ）
> 新车行驶 100 千米（参见 car1.run(100); ）
> 向新车油箱加满油（参见 car1.addOil(); ）
> 向新车油箱加 20 升油（参见 car1.addOil(20); ）
> 初始化为二手车（参见 car2.initCar(40,300); ）
> 二手车行驶 200 公里（参见 car2.run(200); ）
> ……
>
> 汽车行驶的基本信息
> 时，（参见 car1.inforOfCar();
> 和 car2.inforOfCar(); ）

◇ **编程实现**

```
//9.1-1 汽车的问题
//通过 1 个新车对象 car1 和 1 个二手车对象 car2 的访问，完成油耗与里程的计算。
#include <iostream>
#include <iomanip>
using namespace std;
```

填空练习

```
//=====================================================
class car
  {   public:
          void initCar();
          void initCar(int);
          void initCar(int, int);
          void run(int);
          void addOil();
          void addOil(int);
          void inforOfCar();
      private:
          int carHounderOil;
          int carVolumeOfTank;
          int carOilMeter;
          int carDistanceLast;
          int oilEat(int);
  };
//=========================
void car::initCar()
  {   cout<<"这是一辆新车，并加满油"<<endl;
      carHounderOil=10;
      carVolumeOfTank=70;
      carOilMeter=carVolumeOfTank;
      carDistanceLast=0;
  }
//=========================
void car::initCar(int carCurrentOilMeter)
  {   cout<<"这是一辆新车，未加满油"<<endl;
      carHounderOil=10;
      carVolumeOfTank=70;
      carOilMeter=carCurrentOilMeter;
      carDistanceLast= 0;
  }
//=========================
void car::initCar(int carCurrentOilMeter, int carCurrentDiatance)
  {   cout<<"这是一辆二手车"<<endl;
      carHounderOil=10;
      carVolumeOfTank=70;
```

```cpp
        carOilMeter=carCurrentOilMeter;
        carDistanceLast=carCurrentDiatance;
    }
//=========================
void car::run(int carDistance)
    {   cout<<"行驶"<<carDistance<<"公里开始\n";
        if (carOilMeter > oilEat(carDistance))
            {
            carDistanceLast += carDistance;
            carOilMeter -= oilEat(carDistance);
            cout<<"行驶完毕"<<endl;
            }
        else
            cout<<"油耗不足，行驶失败"<<endl;
    }
//=========================
void car::addOil()
    {   cout<<"开始加油, ";
        int carNeedToAdd=carVolumeOfTank-carOilMeter;
        carOilMeter += carNeedToAdd;
        cout<<"加油完毕，一共加了"<<carNeedToAdd<<"升油\n";
    }
//=========================
void car::addOil(int carVolumeOfOil)
    {   cout<<"加油"<<carVolumeOfOil<<"升开始"<<endl;
        if (carOilMeter +carVolumeOfOil<carVolumeOfTank)
          {
            carOilMeter += carVolumeOfOil;
            cout<<"加油完毕"<<endl;
          }
        else
          {   cout<<"超过最大油箱容积!"<<endl;
            int carNeedToAdd=carVolumeOfTank-carOilMeter;
            if(carNeedToAdd ==0) cout<<"加油失败！"<< endl;
            else  cout<<"加油完毕，一共加了"<<carNeedToAdd<<"升油\n";
          }
    }
//=========================
void car::inforOfCar()
```

```
{   cout<<"当前油表"<<carOilMeter<<",当前里数"<<carDistanceLast<<endl;
    cout<<"-------------------------------------"<<endl;
}
//========================
int car::oilEat(int carDistance)
{
    return carDistance * carHounderOil / 100;
}

void main(void)
{   //====================
    car car1;
    car1.initCar();
    car1.run(100);
    car1.inforOfCar();
    car1.run(200);
    car1.inforOfCar();
    car1.addOil();
    car1.inforOfCar();
    car1.addOil(20);
    car1.inforOfCar();
    //====================
    car car2;
    car2.initCar(40,300);
    car2.run(200);
    car2.inforOfCar();
}
```

◇ 运行结果

```
C:\Windows\system32\cmd.exe

这是一辆新车，并加满油
行驶100公里开始
行驶完毕
当前油表60,当前里数100
-------------------------------------
行驶200公里开始
行驶完毕
当前油表40,当前里数300
-------------------------------------
开始加油，加油完毕，一共加了30升油
当前油表70,当前里数300
-------------------------------------
加油20升开始
超过最大油箱容积!
加油失败!
当前油表70,当前里数300
-------------------------------------
这是一辆二手车
行驶200公里开始
行驶完毕
当前油表20,当前里数500
-------------------------------------
请按任意键继续. . .
```

━━━━ ★ 语 法 知 识 与 编 程 技 巧 ★ ━━━━

类和对象的使用

面向对象的程序设计，核心是设计所需要的类和对象。并且典型的做法是：首先分析问题的陈述，抽象出问题的数据形式和对数据的一组操作，把它们组织在一起构成类，并且程序中可以有多个类；然后确定这些类生成的对象的行为，设计对象之间的交互，进而完成总体目标。

1．类的构成与定义

（1）类的基本结构

类是一种抽象数据类型，是逻辑上相关的数据（属性）和函数（行为）的封装。

类名	属性1，属性2 ……		行为1，行为2 ……

（2）类的定义方法

一般语法格式如下：

```
class 类名
{
    //类体
};   //注意类体花括号和此处的分号不能缺少
```

说明：

◆　class 是定义类的关键字。类的命名规则与一般标识符的命名规则一致。花括号是类体的起止符。

◆　类的定义是一个语句，所以结尾处要有分号，否则将会产生难以理解的编译错误。

◆　类体，通常由数据成员（描述属性的数据部分，也称成员数据）和函数成员（描述行为的函数部分，也称成员函数，或称为方法）两部分组成。也就是说，它将数据形式和对数据的操作封装在一起。

◆　类是一种抽象数据类型，并不占存储空间。所以，不允许在类体中出现初始化数据成员的定义语句。而且，一般会使用类的构造函数来初始化（参见后继"2.构造函数与析构函数"部分），或通过编写访问函数来赋初值（例如案例 9.1-1 的 initCar()函数。但很少这样做，其原因参见案例 9.1-2 的思路分析）。

类的用户可能是本类的成员，或可能是其他类的成员，也可能是全局变量或全局函数（即它不是程序中任何类的函数成员，也称为非类的函数成员，又称为普通函数或一般函数）。而对类成员的访问控制模式有以下三种：

✓　公有型成员，用"public:"来声明。类的 public 成员能够被程序中的所有用户访问（也称为引用、使用）。也就是说，通过 public 成员函数可以实现类向其用户提供服务（的行为），所以通常称 public 为类的（外部）接口(或界面)。

✓　私有型成员，用"private:"来声明。类的 private 成员只能被本类成员和该类的友元访问。换句话说，不允许类的对象访问类的私有成员，而不管它是本类对象，还是其他类的对象，有关类的对象参见后继"2. 对象的定义与成员的使用"部分。

提示：一个类的每个成员必有一个相关的访问控制属性，并且类的成员的默认访问控制属性为私有。也就是说，如果在类定义中没有显式地声明某个成员的访问控制属性，那么该成员就按照默认情况作为类的 private 成员。而且在类体中，如果将成员直接放在类的左花括号后列出，那么它将作为类的 private 成员。

✓　保护型成员，用"protected:"来声明。类的 protected 成员只能被本类的成员或派生类的成员访问。换句话说，类（父类）的保护成员对于这个类的派生类（子类）而言就像是一个公共成员，但对于程序中的其他成员而言，则像是一个私有成员。（有关基类和派生类的概念参见 9.3.1 节"类的继承与 const 的深入使用"）。

综上可见，这三种访问模式将类划分为三种区域，这三种区域也称为类的封装等级。在设置类的每个成员的访问控制属性时，一般做法是：将类的数据成员声明为 private 类型，即以

private 封装等级保证安全；而把提供给外界调用的那部分函数成员声明为 public 类型（称为类的对外接口或界面）。因此，也可以将定义类的一般语法格式进一步细化如下：

```
class 类名{
    public:
        公有型成员      //类对外界的接口
    private:
        私有型成员
    protected:
        保护型成员
};
```

说明：

◆ 类体中，public、private 和 protected 等关键字可以复用（即同一个类中可以含有多个，但不建议如此），且对类成员的执行与位置上的先后次序无关。一般而言，会把公有函数放在类体的前部，以突显出该类的对外接口。

```
例1:  #include <iostream>
      using namespace std;
      class clock            //自定义 clock 类
      { public:              //clock 类的对外接口
          void setTime(int newH,int newM,int newS)
          {  hour=newH;     //在函数成员中，对本类的成员可以直接通过其名字来使用
              minute=newM;
              second=newS;  }
          void showTime()
          {  cout<<hour<<":"<<minute<<":"<<second<<endl;  }
        private:            //只能被本类成员或友元访问
          int hour;
          int minute;
          int second;
      };
```

◆ 在类中，类成员与一般变量和函数的定义方法一样，不同的是类成员的定义与位置无关。

```
例2: ……
    class clock              //定义 clock 类
    { public:
        void setTime(int newH,int newM,int newS)
        {  hour=newH; minute=newM; second=newS;   //数据成员声明在后面，与位置无关
            showTime();    //调用的函数成员在后面定义的，与位置无关
        }                  这里只是为了简单举例说明"位置无关的问题"
        void showTime()
        {  cout<<hour<<":"<<minute<<":"<<second<<endl;  }
```

```
        private:
            int hour, minute, second;
    };
```

◆ 成员函数定义语句的位置可以位于类的体内，也可以位于类的体外（参见以下"（3）函数成员的定义位于本类体外"中详解）。但是，成员函数的原型声明语句一定位于类的体内。而且，对于放在类内定义的成员函数，通常将被自动转换成内联函数（函数本身符合内联函数规则的话）。

◆ 类支持嵌套定义，即一个类定义体内可以含有另一个类定义体，并通常将内部的这个类称为嵌套类，将外部的类称为封装类。嵌套类可以在封装类的公有、私有和保护部分定义，这些访问控制属性也将作用于嵌套类。嵌套类与封装类之间，均不可直接访问对方的私有成员，或者说相互间的私有成员访问需要借助公有接口或友元声明。因为嵌套类只在其封装类可见，所以利用嵌套类可以使数据隐藏功能更强。

（3）函数成员的定义位于本类体外

一般语法格式如下：

```
函数返回类型 类名::函数名(形参表)
{
    //函数体
}
```

其中，双冒号::是作用域解析运算符，这里用于解析该函数是该运算符前的这个类的成员。

例3：……

```
        class clock
        { public:
            void setTime(int, int, int);  //函数原型声明
            void showTime();              //函数原型声明
             private:
            int hour, minute, second;
        };
        //========================================
        void clock :: setTime(int newH,int newM,int newS) //setTime()是 clock 类的成员函数定义
        {   hour=newH;
            minute=newM;
            second=newS;   }
        void clock :: showTime()          //showTime()是 clock 类的成员函数定义
        {   cout<<hour<<":"<<minute<<":"<<second<<endl;   }

        void main(void)
        {   clock k1, k2;                 //类创建的对象称为类的实例化，这里创建了两个对象 k1 和 k2
            k1.setTime(8,30,30);          //访问对象的公有成员
            k1.showTime();                //访问对象的公有成员
            k2.setTime(21,15,15);         //访问对象的公有成员
```

```
        k2.showTime();              //访问对象的公有成员
    }
```

说明：

◆　在 C++中，函数参数可以是基本类型，也可以是类类型。向函数传递参数的方法有传值、传指针和传引用三种，并且这些模式传递一个类类型的参数和传递一个基本类型的参数相同。例如值传递，按照传值模式传递一个类类型的参数时，被调用函数将在内存中制作实参对象的一个副本，并且被调用函数对这个副本所做的任何修改在主调用函数中并不可见。

◆　如图 9.1 所示，如果是在类的体内定义函数成员，编译系统将会为该类的每一个对象分配全套的内存空间，包括存放成员数据的数据区和存放成员函数的程序区。如果是在类的体外定义成员函数，编译系统仅为该类的每个对象分配一个数据区，而程序区将为该类的对象共用。并且，通常多采用在类的体外定义成员函数的方法。

图 9.1　编译系统为同类对象分配内存空间示意图

◆　如果将程序分解为多个文件，一般应将类定义体放在.h 头文件中，将位于类体外的成员函数定义放在同名的.cpp 文件中，并在使用类的文件中包含该头文件。

（4）静态成员

类的成员也可以是静态成员（即成员定义语句前加有 static）。在定义语句前加有 static 的数据成员，就称为**静态数据成员**。静态数据成员只存储一份并为同类的对象所共用。所以，它可以节省内存，并且不会破坏访问控制安全。在声明语句前加有 static 的函数成员，就称为静态函数成员。静态函数成员也只有唯一的副本并为同类的对象所共用。当需要访问类成员，但不需要针对特定对象时，可以设定它为静态函数成员。

说明：

◆　类的静态成员在编译阶段就产生实例，并在程序结束时才会消亡，可见度超出所属的类。

◆　由于类的静态成员是在类实例化对象之前就占据了内存空间（为静态成员变量），而类的非静态成员是在类实例化对象后才占据内存空间，所以静态成员函数中不能调用非静态成员（即不加 static 声明的），但是非静态成员函数中可以调用静态成员。

◆　类的静态成员变量必须在使用前就已经在全局范围处初始化，否则会出错。

◆　程序中可以通过类的对象来访问（调用）静态成员函数和非静态成员函数。

◆　程序中可以通过类名来调用类的静态成员函数，但是不允许通过类名来调用类的非静态成员函数。

例 4：
```
#include <iostream>
using namespace std;
class clock
{ public:
    //==============================
```

```
        static void setTime(int, int, int);    //静态函数成员
        void showTime();    //非静态函数成员
      private:
        //=================================
        static int h1,m1,s1;    //静态数据成员
};
void clock :: setTime(int newH,int newM,int newS)
{    h1=newH;
     m1=newM;
     s1=newS;   }
void clock :: showTime()
{    cout<<h1<<":"<<m1<<":"<<s1<<endl;   }

/* 要在全局范围处（一般置于主函数之前）对类的静态成员变量初始化,
    注意：名字前必须加上类名和范围运算符*/
int clock::h1=0,clock::m1=0,clock::s1=0;   //静态成员变量初始化

void main(void)
{      clock k1;
       clock::setTime(8,30,30);        //通过类名调用静态函数成员
       k1.showTime();
}
```

（5）友元

在类中可以利用关键字 friend 将其他函数（或其他类）声明为友元函数（或友元类，并且该友元类的所有成员函数将自动成为友元函数）。

也就是说，友元函数是在类中用关键字 friend 声明的非成员函数。类的友元函数可以通过对象名访问该类的成员，包括访问该类的 private、protected 和 public 成员。友元类的使用，参见程序欣赏 2 和案例 9.3-3。

```
例 5:    #include <iostream>
         using namespace std;
         class clock
         {
           public:
             //将一般函数 setTime()声明为本类的友元函数
             friend void setTime(clock &,int, int, int);
             void showTime();
           private:
             int hour, minute, second;
         };
```

```
void clock :: showTime()
{   cout<<hour<<":"<<minute<<":"<<second<<endl;  }
//定义一个一般函数 setTime()
void setTime(clock &my,int newH,int newM,int newS)
{   my.hour=newH;
    my.minute=newM;
    my.second=newS;
}

void main(void)
{   clock k1;
    setTime(k1,8,30,30);        //通过友元函数访问类的私有数据成员
    k1.showTime();
}
```

例6：
```
class A
{   ......
    friend class B;    //声明 B 为 A 的友元类
    ......
}
```

2．对象的定义与成员的使用

（1）定义对象的方法

通常把一个类类型的对象简称为类对象或对象。定义对象也称为创建对象，实质上就是对类的实例化，其方法与定义一般变量的方法相似，一般语法格式为：

a．类名 对象名； //直接创建，定义一个对象。如果是定义多个对象，则这多个对象名之间以逗号隔开

b．类名 *对象指针名； //间接创建，定义一个指向对象的指针，称为对象指针，有多个时以逗号隔开

c．类名 &对象引用名=已定义过的对象名； //定义一个对象引用，有多个时以逗号隔开

说明：

◆ 访问（也称为引用、使用）类的非静态成员，必须与特定对象相对。换句话说，要访问类中的非 static 成员，首先要对类实例化，即创建对象。

◆ 当创建一个对象时，系统将顺次完成以下两件事情：

✓ 为这个对象分配内存空间，按照类所定义的数据成员来实际配置对象的成员变量；

✓ 初始化这个对象，即调用构造函数初始化成员变量（详见 9.2.2 节"构造函数和析构函数"）。

◆ 同样，当销毁一个对象时，系统也要顺次完成以下两件事情：

✓ 调用析构函数清除对象（详见 9.2.2 节"构造函数和析构函数"）；

✓ 释放对象的内存空间。

（2）对象访问

在创建了对象后，通过对象的访问，类的成员函数将转化为该对象的行为（或称对象的方法）。对象访问的一般语法格式如下：

例1：……
```
class clock
 { public:
      void setTime(int ,int ,int);
      void showTime();
  private:
      int hour, minute, second;
 };
……
void main(void)
{   //分别创建了一个对象、一个对象指针和一个对象引用
   clock k, *ptr=&k, &ref=k;
   k.setTime(8,30,30);
   k.showTime();
   ptr->setTime(12,30,30);
   (*ptr).showTime();              //用圆点运算符访问成员函数时，需要采用(*)，它与->等价
   ref.setTime(24,30,30);
   ref.showTime();
   cout<<sizeof(clock)<<endl; //输出结果: 12
}
```

说明：

◆　类是用户自定义的数据类型（不占内存），用类定义的对象是类的实例（占据内存单元，以保存自己的属性值）。

◆　执行 cout<<sizeof(类名);会发现：对象实体的大小并不包含函数成员的大小。这是因为函数成员存放在程序区。

◆　在定义对象时给出的实参表（初始值）将作为参数传递给类的构造函数。

◆　类的成员只在本类内可见，除非是"被声明为友元类或友元成员函数"或"被声明为 static 类或 static 成员函数"或"继承本类的子类"。

例如：哪一类成员变量可以在同一个类的对象之间共享？
　　　答案是静态成员变量。

◆　在类中声明和定义的数据成员和函数成员构成该类的范围。

✓　在类的范围中，对类中成员的访问，可以是类访问（也称为内部访问）。类访问是指同类中的成员相互访问，它是通过直接成员名称的访问。而类的私有成员只支持类访问和友元访问。例如,以上示例 class clock 类的公有函数 setTime(),目的是提供该类外部对其私有数据 hour、minute 和 second 的访问界面（或称接口）。

✓　在类的范围外，对类中成员的访问，可以是对象访问（也称为外部访问）。对象访问是通过一个对象的句柄（可以是对象名、对象指针、对象引用）来访问。类的对象成员会按照类内所定义的封装等级，来决定是否可以被用户直接使用，所以 public 区可以直接使用对象成员，private 区不可以直接使用对象成员，protected 区除继承外也不可以直接使用对象成员（关于继承 9.3.1 节再作讨论）。由此可知，通常一个对象只能通过本类的 public 接口访问类成员。

例 2：　……
```
    class clock
    { public:                    //类的对外接口
        void setTime(int newH,int newM,int newS);
        void showTime();
      private:                    //只能被本类成员访问
        int hour, minute, second;
    };
    ……
    void main(void)
    {    clock k;                 //类创建的对象称为类的实例化
        k.hour=20;               //编译系统提示出错信息："Error: 成员 clock::hour 不可访问
        k.setTime(8,30,30);      //访问对象的成员
        k.showTime();            //访问对象的成员
    }
```
这条语句错误→

分析错误原因：

　hour 位于类的私有区，是私有数据成员。私有成员只能够被本类的成员访问，也就是说，private 区不可以直接使用对象成员。

◆　在成员函数内定义的变量只能在该函数内访问。如果它是与本类范围内的变量同名的变量，则在该函数范围内这个类范围内的变量将被隐藏，或者可以通过在前面加上"类名::"来访问。参见以下例 3，若在 showTime() 中增加下面这条语句，则它的执行结果是输出类范围内的变量值。

```
    cout<<clock::hour<<":"<<clock::minute<<":"<<clock::second<<endl;
```

◆　this 指针是编译系统提供的一个在创建对象时会自动生成并隐含在类的非静态成员函数中的特殊指针。this 其实就是将对象的地址传递给了本对象的成员函数。也就是说，每个对象都可以通过 this 指针访问自己（称为**自身引用**）。因此，当需要在类的非静态成员函数中返回对象本身的时候，可以直接使用 return *this; 语句来完成（参见案例 9.5）。 this 指针的类型取决于对象类型和使用 this 的函数成员是否声明为 const。this 指针也可以显式地使用。

例 3：　……
```
    class clock
    { public:                        //类的对外接口
        void setTime(int newH,int newM,int newS);
        void showTime();
      private:                        //只能被本类成员访问
```

```
        int hour, minute, second;
    };
    ......
    void clock :: showTime()
    {   int hour,minute,second;   //定义局部变量，作用域函数内的变量
        hour=12; minute=0; second=0;   //遵从局部变量优先原则，自动将同名的类数据成员隐藏
        cout<<hour<<":"<<minute<<":"<<second<<endl;
        //需要输出与局部变量同名的类数据成员时，可以显式使用 this 指针（或用类名）指定
        //并且与 cout<<clock::hour<<":"<<clock::minute<<":"<<clock::second<<endl; 等价
        cout<<this->hour<<":"<<this->minute<<":"<<this->second<<endl;
    }
    ......
```

在类范围内，编译器识别一个标识符的顺序为：在本成员函数内部查找定义→在其所在类中查找定义→在其所在类的基类（基类的概念参见 9.3.1 节"类的继承与 const 的深入使用"）中查找定义→在类外即全局范围查找。并遵从局部变量有限原则，自动将同名的类数据成员隐藏而无法被访问，除非利用 this 指针或范围运算符来显式地指定。

◆ 一个类的成员函数声明描述了该函数的三种性质：一是该函数能访问类的私有成员，二是该函数位于类的作用域之中，三是该函数需要通过一个对象来激活（有一个 this 指针）。当一个函数声明为 static 时，可以让它只具有前两种性质。而将一个函数声明为 friend 时，则可以让它只具有第一种性质。

◆ C++语言中的类是由 C 语言中的 struct 演变过来的。

① 在 C 语言中，数据结构和算法是分离的，所以对于 struct 只支持定义成员变量，不支持定义成员函数。在 C++语言中，struct 和 class 一样体现了数据结构和算法的结合，所以在其中既可以定义成员变量又可以定义成员函数。

② 在 C 语言中，struct 不能整体进行比较，只能一个成员一个成员地比较。在 C++语言中，通过重载运算符，可以比较结构体和类类型的对象。

③ C++中，结构体和类的主要区别是：用 struct 声明的类默认成员为 public，而用 class 声明的类默认成员为 private。

◆ 在 C++语言中，union 和 class 一样体现了数据结构和算法的结合，所以在其中既可以定义成员变量又可以定义成员函数，但是不能有静态成员。

◆ 输入流对象 cin 属于 basic_istream<T>类，输出流对象 cout 属于 basic_ostream<T>类，它们是在头文件 iostream 中定义的。

（3）类的成员指针使用

类的成员指针即指向类成员的指针。在 C++中，既可以使用成员名直接访问类的成员，也可以使用成员指针间接地访问类的成员。

① 定义方法：

a. 数据类型 类名:: *成员指针名;   //定义一个公有数据成员指针

b. 数据类型(类名:: *成员指针名)(形参表);   //定义一个公有函数成员指针

② 指针赋值：

目的在于确定该指针指向哪个成员。

```
指针名=&类名∷成员名;     //或数据成员名,或函数成员名
```

③ 访问方法：

在创建了对象之后，可以使用成员指针访问对象的成员。

```
a. 对象名.*成员指针名     //利用数据成员指针访问数据成员
或 对象指针名->*成员指针名
b. (对象名.*成员指针名)(实参表)     //利用函数成员指针访问函数成员
或 (对象指针名->*成员指针名)(实参表)
```

★ 知 识 拓 展 ★

直接定义对象

定义类也可以像定义结构体那样，在类体的右花括号后面直接定义对象。

例如： ……

```
class clock
{ public:
    void setTime(int newH,int newM,int newS);
    void showTime();
  private:
    int hour, minute, second;
}k1;    //直接定义对象


void main(void)
{    k.setTime(8,30,30);
     k.showTime();
}
```

★ ★

9.2.2 构造函数与析构函数

构造函数和析构函数是类中的两种特殊成员函数。它们的特殊之处在于：创建对象时，编译系统将会自动调用构造函数，完成对该对象的数据成员的初始化；在删除对象或对象离开它的作用域时，编译系统则会自动调用析构函数，完成特定的清理任务。

【案例 9.1-2】 汽车的问题。

◇ **问题背景**

同案例 9.1-1。

◇ **思路分析**

在案例 9.1-1 中，class car 采用 initCar()函数为对象的数据成员赋初值，因为没有任何地方表示出一个对象数据成员必须经过赋初值，所以带来的问题是：程序中一旦"忘记"做赋

初值这件事，就会导致运行结果不正确，甚至造成灾难性的后果。而确保此类问题不会发生的最好方法就是使用构造函数。

◇ **数据结构与算法**

规划数据结构如下：

① 定义 1 个汽车类（参见 class car{};）。

a. 基本属性（数据成员）有：

int carHounderOil;	//百公里油耗
int carVolumeOfTank;	//油箱容积
int carOilMeter;	//油表
int carDistanceLast;	//行驶公里数

b. 基本行为（函数成员）有：

car()	//默认构造函数，新车加满油
car(int)	//构造函数重载，新车未加满油
car(int, int)	//构造函数重载，二手车
int oilEat(int)	//计算油耗
void run(int)	//汽车行驶与油耗的关系
void addOil()	//向油箱加满油
void addOil(int)	//重载 addOil()函数，向油箱中加指定量的油
void inforOfCar()	//汽车行驶的基本信息

② 定义 2 个 car 类型的对象 car1 和 car2，分别表示新车和二手车。

设计算法：

通过对象 car1 和对象 car2 访问，完成油耗与里程计算。例如：

当
{
新车行驶 100 公里（参见 car1.run(100);）
向新车油箱加满油（参见 car1.addOil();）
向新车油箱加油 20 升（参见 car1.addOil(20);）
二手车行驶 200 公里（参见 car2.run(200);）
等等
}
时，
汽车行驶的基本信息
（参见 car1.inforOfCar();
和 car2.inforOfCar();）

◇ **编程实现**

```
//9.1-2 汽车的问题
//通过 1 个新车对象 car1 和 1 个二手车对象 car2 的访问，完成油耗与里程计算。
#include <iostream>
#include <iomanip>
using namespace std;
//====================================================
class car
{ public:
        car();
```

填空练习

```cpp
        car(int);
        car(int, int);
        void run(int);
        void addOil();
        void addOil(int);
        void inforOfCar();
    private:
        int carHounderOil;
        int carVolumeOfTank;
        int carOilMeter;
        int carDistanceLast;
        int oilEat(int);
};
//=========================
car::car()
{   cout<<"这是一辆新车，并加满油"<<endl;
    carHounderOil=10;
    carVolumeOfTank=70;
    carOilMeter=carVolumeOfTank;
    carDistanceLast=0;
}
//=========================
car::car(int carCurrentOilMeter)
{   cout<<"这是一辆新车，未加满油"<<endl;
    carHounderOil=10;
    carVolumeOfTank=70;
    carOilMeter=carCurrentOilMeter;
    carDistanceLast= 0;
}
//=========================
car::car(int carCurrentOilMeter, int carCurrentDiatance)
{   cout<<"这是一辆二手车"<<endl;
    carHounderOil=10;
    carVolumeOfTank=70;
    carOilMeter=carCurrentOilMeter;
    carDistanceLast=carCurrentDiatance;
}
//=========================
```

```cpp
void car::run(int carDistance)
{   cout<<"行驶"<<carDistance<<"公里开始\n";
    if (carOilMeter > oilEat(carDistance))
        {
        carDistanceLast += carDistance;
        carOilMeter -= oilEat(carDistance);
        cout<<"行驶完毕"<<endl;
        }
    else
        cout<<"油耗不足，行驶失败"<<endl;
}
//========================
void car::addOil()
{   cout<<"开始加油，";
    int carNeedToAdd=carVolumeOfTank-carOilMeter;
    carOilMeter += carNeedToAdd;
    cout<<"加油完毕，一共加了"<<carNeedToAdd<<"升油\n";
}
//========================
void car::addOil(int carVolumeOfOil)
{   cout<<"加油"<<carVolumeOfOil<<"升开始"<<endl;
    if (carOilMeter +carVolumeOfOil<carVolumeOfTank)
      {
        carOilMeter += carVolumeOfOil;
        cout<<"加油完毕"<<endl;
      }
    else
      {   cout<<"超过最大油箱容积！"<<endl;
          int carNeedToAdd=carVolumeOfTank-carOilMeter;
          if(carNeedToAdd ==0) cout<<"加油失败！"<< endl;
          else   cout<<"加油完毕，一共加了"<<carNeedToAdd<<"升油\n";
      }
}
//========================
void car::inforOfCar()
{   cout<<"当前油表"<<carOilMeter<<",当前里数"<<carDistanceLast<<endl;
    cout<<"---------------------------------------"<<endl;
}
```

```
//===========================
int car::oilEat(int carDistance)
{
    return carDistance * carHounderOil / 100;
}


void main(void)
{   //创建对象 car1 并调用默认构造函数 car::car()

    car car1;

    car1.run(100);

    car1.inforOfCar();

    car1.run(200);

    car1.inforOfCar();

    car1.addOil();

    car1.inforOfCar();

    car1.addOil(20);

    car1.inforOfCar();
    //创建对象 car2 并调用构造函数 car(int, int)

    car car2(40,300);

    car2.run(200);

    car2.inforOfCar();
}
```

◇ **运行结果**

```
C:\Windows\system32\cmd.exe
这是一辆新车，并加满油
行驶100公里开始
行驶完毕
当前油表60,当前里数100
--------------------------------
行驶200公里开始
行驶完毕
当前油表40,当前里数300
--------------------------------
开始加油，加油完毕，一共加了30升油
当前油表70,当前里数300
--------------------------------
加油20升开始
超过最大油箱容积！
加油失败！
当前油表70,当前里数300
--------------------------------
这是一辆二手车
行驶200公里开始
行驶完毕
当前油表20,当前里数500
--------------------------------
请按任意键继续. . .
```

◇ **问题拓展**

阅读案例会发现：面向对象保留了面向过程的特性，且过程函数的功能成了对象的方法。在定义了类之后，使用这个类生成的对象的行为通常就是一些简单的成员函数调用，而类函数成员则常常需要控制结构来实现。设计一个适合的用户自定义类往往可以使程序更简洁。

在学习了本教材分册 I 之后，学习者已经掌握了结构化程序设计的基础知识。现在就可以参照该案例，着手基于对象的编程了。

① 一圆形游泳池如右图所示，现在需在其周围建一圆形过道，并在其四周围上栅栏。栅栏价格为 35 元/米，过道造价为 20 元/米^2。过道宽度为 3 米，游泳池半径由键盘输入。要求编程计算并输出过道和栅栏的总造价。输入输出格式参见左下图。

参考程序① 参考程序②

② 编程实现：从键盘输入一个字符，将该字符存储到一个类的字符型指针变量中，并输出该字符。输入输出格式参见右下图。

★ 语 法 知 识 与 编 程 技 巧 ★

构造函数与析构函数

构造函数和析构函数是编译系统自动调用的，而且这些函数的调用顺序取决于执行过程进入和离开实例化对象范围的顺序。一般来说，析构函数的调用顺序和构造函数的调用顺序相反。

1．构造函数

构造函数是一个与类名相同的特殊成员函数，用于初始化本类的对象的数据成员。在创建对象时，由编译系统自动调用构造函数，完成对其成员变量的初始化。

构造函数具有如下特征：

① 构造函数一定是与所在类同名。

② 构造函数不具有返回值类型（包括不能有 void 关键字），它的返回值是编译系统隐含的并为指向类本身的值。

③ 一个类常常有几个构造函数，通过函数重载（或形参的个数不同，或形参的数据类型不同）完成，并对重载次数没有限定（只要这些函数的参数行中参数存在不同），例如，案例 9.1-2 中的构造函数 car()、car(int) 和 car(int, int) 为重载函数。

④ 构造函数可以为内联函数，以及带默认形参值的函数（即允许参数缺省调用，参见案例 9.5，并注意只在类定义体的函数原型中声明默认函数参数值）。

一般语法格式为：

```
类名::类名([形参列表])   //放在类外，方括号表示为可选项（即可以带有 形参，也可以不带有形参）
    {
        //函数体
    }
```

例如：……

```
class clock
{ public:
    clock(int, int, int);    //构造函数
    void showTime();
  private:
    int hour, minute, second;
};
//===============================
clock::clock(int newH, int newM, int newS)
{ cout<<"调用构造函数"<<endl;
```

◇ 运行结果

```
            cout<<"初始化时间为: "<<endl;
            hour=newH;  minute=newM;  second=newS;   }
        void clock :: showTime()
        {   cout<<hour<<":"<<minute<<":"<<second<<endl;  }

        void main(void)
        {    //括号中提供初始化值,这些初始化值作为参数传递给构造函数
            clock myClock(0,0,0);
            myClock.showTime();
            //objP是指针型的,需要先new一个clock型内存空间,以存放分配的初值(如12,0,0);
            clock *objP=new clock(12,0,0);
            objP->showTime();
            delete objP;  objP=NULL; //程序中使用new获得的空间,需要使用delete释放
        }
```

说明:

◆　一般情况下,构造函数都声明为公有成员。如果将构造函数声明为私有,则其他类将不能生成该类的对象。

◆　每当创建一个对象时,编译系统都会自动调用一次构造函数。

◆　与普通数组一样,可以通过一个对象数组保存一组对象。当创建一个对象数组时,编译系统将会自动为该数组的每个元素调用一次构造函数。

◆　如果在创建对象时给出的初始值不能与该类的构造函数相匹配,编译系统将给出错误信息。

◆　在构造函数中 this 指向这个正在创建的对象。

◆　类的 static 数据成员(即定义语句前加有 static 的数据成员),需要单独在类外部进行初始化,而不是通过构造函数进行初始化。

2．析构函数

析构函数提供了一种自动销毁对象的简便手段。在删除对象或对象离开它的作用域之际,编译系统将自动调用析构函数,完成特定的清理任务。析构函数最常见的用途是释放构造函数请求的内存空间。

析构函数具有如下特征:

① 析构函数与所在类同名,且之前冠以波浪号 "~" 以区别于构造函数。

② 与构造函数相同,析构函数不具有返回值类型。

③ 析构函数一定没有参数,不能重载,所以析构函数只有一个。

一般语法格式为:

```
类名::~类名()  //放在类外
   {
       //函数体
   }
```

例1:
```cpp
#include <iostream>
using namespace std;
class clock
{ public:
    clock(char*, int, int, int);     //构造函数
    ~clock();                        //析构函数
    void showTime();
private:
    int hour, minute, second;
    char *it;
};
clock::clock(char *p, int newH, int newM, int newS)
{ cout<<"调用构造函数"<<endl<<"初始化时间为: "<<endl;
  hour=newH;
  minute=newM;
  second=newS;
  it=new char(*p);     }
//================================
clock::~clock()
{ cout<<"调用析构函数"<<endl;
  delete it;
}
void clock :: showTime()
{ cout<<*it<<" "<<hour<<":"<<minute<<":"<<second<<endl;  }
void main(void)
{   char c1='a',c2='p';
    clock myClock(&c1,0,0,0);
    myClock.showTime();
    clock *objP=new clock(&c2,12,0,0);
    objP->showTime();
    delete objP;  objP=NULL;
}
```

◇ 运行结果

```
调用构造函数
初始化时间为:
a 0:0:0
调用构造函数
初始化时间为:
p 12:0:0
调用析构函数
调用析构函数
请按任意键继续. . .
```

构造函数中含有 new 操作，析构函数中就应含有对应的 delete 操作。

调用构造函数，并在栈上为新对象分配内存，当对象 myClock 离开它的作用域之后，其内存会自动释放。

调用构造函数，并在堆上调用 new 为新对象分配内存，当对象 objP 离开它的作用域之后，需要在程序控制下调用 delete 将其内存释放。

例2:
```cpp
#include <iostream>
using namespace std;
class clock
{ public:
    clock(int ,int ,int);    //构造函数
    ~clock();    //析构函数
    void showTime();
```

```
      private:
        int hour, minute, second;
    };
    clock::clock(int newH, int newM, int newS)
    {   cout<<"调用构造函数"<<endl;
        cout<<"初始化时间为："<<endl;
        hour=newH;  minute=newM;  second=newS;
    }
    clock::~clock()
    { cout<<"调用析构函数"<<endl; }
    void clock :: showTime()
    { cout<<hour<<":"<<minute<<":"<<second<<endl;  }
    //================================
    void test(void)
    {     clock myClock(0,0,0);           //创建对象 myClock
          myClock.showTime();
    } //对象 myClock 离开它的作用域 test()函数之际，编译系统自动调用析构函数
    void main(void)
    {     test();          //函数调用
          clock *objP=new clock(12,0,0);
          objP->showTime();
          delete objP;  objP=NULL;
    }
```

说明：
◆　一般情况下，析构函数都声明为公有成员。
◆　在对象生存期结束的时刻（或者说程序离开对象所出现的块时），编译系统自动调用析构函数，然后再释放此对象所占用的空间。
◆　一个动态存储对象，使用 new 运算符建立，通过 delete 运算符销毁。
◆　一个数组元素，随着所属数组被建立或销毁而被建立或销毁。
◆　一个静态对象，在程序执行过程中第一次定义它时被建立，在程序终止时被销毁。
◆　设有两个类 A 和 B，类 A 非静态成员的对象是类 B 的对象成员，则类 B 对象被建立或撤销时，作为其成员的该类 A 对象也将随之被建立或撤销。而且，对象成员的撤销顺序和实例化顺序是相反的。

3．默认构造函数和默认析构函数

（1）默认构造函数
通常把没有形式参数（或所有形参均带有默认值）的构造函数称为无参构造函数、缺省的构造函数或默认构造函数。它可以是用户显示地定义的，也可以是系统在如下情况时自动生成的：如果在定义类时没有定义任何构造函数，编译系统将会自动产生一个没有形参也没有函数体的默认构造函数。该系统默认构造函数是类中隐含的公有成员，并执行创建一个对象所需要的一些初

始化操作，但它并不涉及用户定义的数据成员或申请的内存的初始化。

例1：通过学习已经知道，创建对象的方式有多种，比如

创建对象时将自动调用默认构造函数	创建对象时将自动调用带形参构造函数
clock A;（或 clock A();但很少用）	clock A(12,0,0);
clock A1,*A2=&A1;	clock *A4=new clock(12,0,0);
clock *A3=new clock;	

例2：在以上关于 class clock 的示例中，clock 类中都是只设定有一个带形参构造函数。在这种情况下，如果在其 main()函数中增加这样一条语句 "clock A;"，那么编译系统将提示出错信息 "Error：类 clock 不存在默认构造函数"。

出错原因：创建对象无参调用的是无参构造函数（即默认构造函数），并因 class clock 类中已有其他构造函数，系统不会再自动产生默认构造函数。

具体解决办法：针对这种情况，只能在该类中显示地定义默认构造函数。

方法一：重载构造函数，即在类定义中提供用户自己定义的默认构造函数。具体的方法有两种：① 将函数定义置于类定义体内，则为 "clock(){……}"；② 将函数定义置于类定义体外，则其函数原型声明为 "clock();"，函数定义语句为 "clock::clock(){……};"。

方法二：提供带有默认形参值的函数，如改写原构造函数原型声明为 "clock(int newH=0, int newM=0, int newS=0);"。

说明：

◆ 如果一个类中包含其他构造函数，那么编译系统不会再为它提供默认构造函数。

◆ 如果一个类中包含未初始化的 const 修饰的或引用类型成员（参见以下 "4. 使用初始化列表的构造函数"），系统也不会为它提供默认构造函数。

（2）默认析构函数

如果在定义类时没有定义析构函数，编译系统将会自动产生一个没有函数体的公有的默认析构函数。该函数是类中隐含的公有成员。隐含的析构函数的函数体是空的，它只执行清理任务。例如案例 9.1-1 和 9.1-2，类定义中均没有定义析构函数，在程序执行过程中编译器将会自动生成默认析构函数。

4. 使用初始化列表的构造函数

构造函数初始化列表（也称为初值行）以一个冒号开始，接着是以逗号分隔的类数据成员列表，每个数据成员后面跟一个放在括号中的初始化式。

说明：

◆ 带初始化列表的构造函数先于其他构造函数执行。

◆ 初始化列表可以同时初始化多个数据成员，并且只能是非 static 的类数据成员。

◆ 以下三种情况，必须在初始化列表中赋初值：对象成员、const 修饰的成员和引用类型成员。

◆ 相较于在构造函数内使用赋值语句对成员函数赋值，使用初始化列表的效率更高。

例1：案例 9.1 可采用

```
car::car(int carCurrentOilMeter, int carCurrentDiatance)
    : carOilMeter(carCurrentOilMeter),carDistanceLast(carCurrentDiatance)
    { cout<<"这是一辆二手车"<<endl;
      carHounderOil=10;
```

```
                  carVolumeOfTank=70;
            }
例2: #include <iostream>
      using namespace std;
      class clock
      {   public:
            clock(int h, int m, int s):hour(h),minute(m) {  second=s;  }
            int getMinute(){return minute;}
            int getSecond(){return second;}
            int &hour;────────────────→┌─────────────────────────┐
                                       │ 必须在初始化列表中赋初值 │
      private:                         └─────────────────────────┘
            const int minute;
            int second;
      };
      void main(void)
      {   clock my(12,10,06);
          cout<<my.hour;
          cout<<":"<<my.getMinute()<<":"<<my.getSecond()<<endl;
      }
例3: 案例 9.3-1
      //组合类含有对象成员，所以构造函数需要采用初始化列表
      myLine::myLine(float x1,float y1,float x2, float y2):p1(x1,y1),p2(x2,y2)
      {
          cout<<"myLine 构造函数初始化表:p1("<<p1.getX()<<","<<p1.getY()
              <<");p2("<<p2.getX()<<","<<p2.getY()<<")"<<endl;
      }
```

★ ★

9.3   C++的复用机制

支持程序代码的复用是面向对象程序设计的目标之一。C++主要通过提供类的继承与组合、函数重载和运算符重载、函数模板与类模板以及虚函数等机制来提升代码的复用效率。限于篇幅，关于虚函数的内容不在本教材学习范围内。

9.3.1   类的继承与 const 的深入使用

如果需要解决的问题中事物之间存在继承关系（或存在共同属性和个体特性），可以使用继承

机制显式地表示共性，并从一个（或多个）类（称为基类或父类）衍生出一个（或多个）新类（称为派生类或子类）。

【案例 9.2】 员工与工资问题。

◇ **问题背景**

某企业所有在册员工记录包括姓名、性别、年龄、工资等属性，并按是否在岗分为在职和退休两类员工。在职员工同时还具有自己所特有的属性，例如"聘级""岗位津贴"等；已退休员工也具有自己所特有的属性，例如"退休待遇""生活补贴"等。编程实现"在职员工"及"退休员工"与"员工"之间的继承关系。

◇ **数据结构与算法**

规划数据结构如下：

① 抽取出员工共有的基本属性，构成基类（参见 class employee{}; ）。

a. 基本属性（数据成员）有：

```
保护成员：string name;    //姓名
        string sex;     //性别
        int   age;      //年龄
        int salary;     //工资
```

b. 基本行为（函数成员）有：

```
公有成员：employee(){};              //默认构造函数
        employee(string, string, int);     //构造函数重载
        employee(string, string, int, int);     //构造函数重载
        void printValue( )const;   //输出各数据成员的值，且const成员函数不改变对象的成员函数
```

② 抽取出在职员工具有的特性（如岗位津贴），并通过公有继承从基类派生出一个新类（参见 class inEmployee:public employee{}; ）。

a. 基本属性（数据成员）有：

```
新增私有成员：string title;    //相对基类新增加，"聘级"私有数据成员
int payBasic, payGrade, payPosition;   //相对基类新增加，"基本、薪级和岗位工资"私有数据成员
```

b. 基本行为（函数成员）有：

```
新增公有成员：inEmployee(string,string, int, string, int,int,int);    //构造函数，为新增的数据成员赋值
void changeSalary1(int,int,int);     //相对基类新增加，用于修改继承的类的"工资"数据成员
void printValue( ) const;    //基类printValue()函数覆盖，用于输出新增数据成员的值
```

③ 抽取出退休员工具有的特性（如生活补贴），并通过公有继承从基类派生出又一新类（参见 class exEmployee:public employee{}; ）。

a. 基本属性（数据成员）：

```
新增私有成员：string title;    //相对基类新增加，"退休待遇"私有数据成员
int subsidy;   //相对基类新增加，"生活补贴"私有数据成员
```

b. 基本行为（函数成员）：

```
新增公有成员：exEmployee(string,string, int, int, string, int);     //构造函数，为新增的数据成员赋值
```

```
        void changeSalary2(int,int,int);        //相对基类新增加，用于修改继承的类的"工资"数据成员
        void printExEmpValue( ) const;        //相对基类新增加，输出数据成员的值
```
④ 定义 1 个基类对象 ww（参见 `employee ww;`）。
⑤ 定义 2 个派生类对象 inw 和 exw（参见 `inEmployee inw;`和 `exEmployee exw;`）。

设计算法如下：

通过对象 ww、inw 和 exw 的访问，完成对 3 个类之间继承关系的测试。

例如：调用继承的函数输出继承的数据成员（参见 `inw.printValue(); inw.employee::printValue();`）

◇ **编程实现**

```
//9.2 员工与工资问题
#include <iostream>
#include <string>
using namespace std;                                         填空练习
//========================================================
class employee
{ public:
    employee(){}    //默认构造函数
    employee(string, string, int);        //employee 构造函数的重载
    employee(string, string, int, int);    //employee 构造函数的重载
    void printValue( )const; //常函数成员
  protected:
    string name;
    string sex;
    int age;
    int salary;
};
//============================
employee::employee(string na, string sexu, int year)
{    name=na;
    sex=sexu;
    age=year;
}
//============================
employee::employee(string na,string sexu, int year, int retired)
{    name=na;
    sex=sexu;
    age=year;
    salary=retired;
```

```cpp
}
//==============================
void employee::printValue( )const
{    cout<<"姓名:"<<name<<" ‖ 性别:"<<sex<<" ‖ 年龄:"<<age;
}
//====================================================
class inEmployee:public employee
{ public:
     inEmployee(string,string, int, string, int,int,int);
     void changeSalary1(int,int,int);
     //函数覆盖基类同名成员函数，以"覆盖"替换原有行为。关于覆盖参见 9.3.3 节函数重载相关内容
     void printValue( ) const;
   private:
     string title;
     int payBasic, payGrade, payPosition;
};
//============================
inEmployee::inEmployee(string na,string sexu, int year, string t, int basic,int grade,int
position) : employee(na,sexu,year) //冒号后面是对父类 employee 的构造函数的调用
{    title=t;
     payBasic=basic;
     payGrade=grade;
     payPosition=position;
     //父类 protected:salary 在子类中就好像是 public:salary
     if(salary!=basic+grade+position)
         salary=basic+grade+position;
}
//============================
void inEmployee::changeSalary1(int basic,int grade,int position)
{    salary=basic+grade+position;
     payBasic=basic;
     payGrade=grade;
     payPosition=position;
}
//============================
void inEmployee::printValue( ) const
{    cout<<" ‖工资组成：基本工资"<<payBasic<<"+薪级工资";
     cout<<payGrade<<"+岗位津贴"<<payPosition<<" ‖聘级:"<<title<<endl;
```

```
}
//=======================================================
class exEmployee:public employee
{ public:
    exEmployee(string,string, int, int, string, int);
    void changeSalary2(int,int);
    void printExEmpValue( )const;
  private:
    string title;
    int subsidy;
};
//=============================
exEmployee::exEmployee(string na, string sexu, int year, int salary, string t, int sub) :
employee(na,sexu,year,salary)  //冒号后面是对父类 employee 的构造函数的调用
{    title=t;
    subsidy=sub;
}
//=============================
void exEmployee::changeSalary2(int pay,int sub)
{    //父类 protected:salary 在子类中就好像是 public:salary
    salary=pay;
    subsidy=sub;
}
//=============================
void exEmployee::printExEmpValue( ) const
{    printValue();
    cout<<" ‖退休工资:";
    cout<<salary<<" ‖ 生活补贴:"<<subsidy<<" ‖ 待遇:"<<title<<endl;
}

void main(void)
{    char x;
    //=================================================
    employee ww("王海","男",29);
    cout<<"基类的对象值为:"<<endl;
    ww.printValue( );
    //=================================================
    inEmployee inw("王芳","女",25,"讲师",1500,1000,3000);
```

```
cout<<"\n\ninEmployee 派生类的对象值为:"<<endl;
inw.employee::printValue( );
inw.printValue( );
cout<<"\n 是否修改工资总额(y 或 n)? ";    cin>>x;
if(x=='y'|| x=='Y')
  { inw.changeSalary1(1800,1200,3100);
    cout<<"\n 改变后的工资信息: "<<endl;
    inw.employee::printValue( );
    inw.printValue( );
  }
//============================================
exEmployee exw("徐宏","男",62,4000,"离休",300);
cout<<"\nexEmployee 派生类的对象值为:"<<endl;
exw.printExEmpValue( );
cout<<"\n 是否修改工资总额(y 或 n)? ";    cin>>x;
if(x=='y'|| x=='Y')
  { cout<<"\n 改变后的工资信息: "<<endl;
    exw.changeSalary2(4500,400);
    exw.printExEmpValue( );
  }
}
```

◇ 运行结果

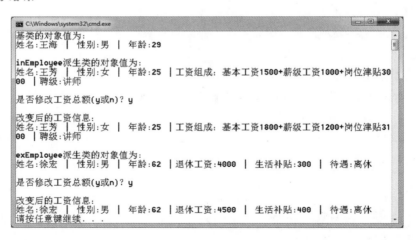

◇ 问题思考

如何在派生类中使用基类的私有成员?

答案:可以在基类设定读取私有数据的公有访问接口,在派生类中通过该接口来访问(参见以下示例)。

```cpp
//9.2 问题思考
#include <iostream>
#include <string>
using namespace std;
//=========================================================
class employee
{ public:
    employee(){}
    employee(string, string, int);
    void printValue( )const;
    string getName()const;    //读取私有数据 name 的公有访问接口
    string getSex()const;  //读取私有数据 sex 的公有访问接口
    int getAge()const;  //读取私有数据 age 的公有访问接口
    int getSalary()const; //读取私有数据 salary 的公有访问接口
    void setSalary(int s); //为私有数据 salary 赋值的公有访问接口
private:   string name;
    string sex;
    int age;
    int salary;
};
//===========================
employee::employee(string na,string sexu, int year)
{    name=na;
    sex=sexu;
    age=year;
}
//===========================
string employee::getName()const
{    return name;    }
string employee::getSex()const
{    return sex;    }
int employee::getAge()const
{    return age;    }
int employee::getSalary()const
{    return salary;    }
void employee::setSalary(int s)
{    salary=s;    }
```

```
//============================
void employee::printValue( )const
{    cout<<"姓名:"<<name<<"      性别:"<<sex<<"      年龄:"<<age;
}
//======================================================
class inEmployee:public employee
{ public:
      inEmployee(string,string, int, string, int,int,int);
      void changeSalary1(int,int,int);
      void printValue( ) const;
  private:
      string title;
      int payBasic, payGrade, payPosition;
};
//==============================
inEmployee::inEmployee(string na,string sexu, int year, string t, int basic,int grade,int
position):employee(na,sexu,year)
{    title=t;
     payBasic=basic;
     payGrade=grade;
     payPosition=position;
     //派生类成员通过基类的公有成员来访问基类的私有成员
     if(getSalary()!=basic+grade+position)
          setSalary(basic+grade+position);
}
//==============================
void inEmployee::changeSalary1(int basic,int grade,int position)
{    //派生类成员通过基类的公有成员来访问基类的私有成员
     setSalary(basic+grade+position);
     payBasic=basic;
     payGrade=grade;
     payPosition=position;
}
//==========================
void inEmployee::printValue( ) const
{    cout<<"┃工资组成：基本工资"<<payBasic<<"+薪级工资";
     cout<<payGrade<<"+岗位津贴"<<payPosition<<"┃聘级:"<<title<<endl;
}
```

```
void main(void)
{
    char x;
    //=================
    employee ww("王海","男",29);
    cout<<"\n 基类的对象值为:"<<endl;
    ww.printValue( );
    //派生类对象通过基类的公有成员来访问基类的私有成员
    inEmployee inw2(ww.getName(),ww.getSex(),ww.getAge(),"讲师",1500,1000,3000);
    cout<<"\ninEmployee 派生类的对象值为:"<<endl;
    inw2.employee::printValue( );
    inw2.printValue( );
}
```

运行结果窗口显示：

```
姓名:王海  |  性别:男  |  年龄:29
inEmployee派生类的对象值为:
姓名:王海  |  性别:男  |  年龄:29 | 工资组成: 基本工资1500+薪级工资1000+岗位津贴30
00 | 聘级:讲师
请按任意键继续....
```

◇ **问题拓展**

① 比较"案例 9.2"和"9.2 问题思考"，理解派生类的不同继承方式，以及如何在派生类中（或对象访问）引用基类的三种类型的成员？

② 编程实现：在一个正方形基类 square 的基础上，派生一个长方形类 rectangle。完成输入一个长方形的两条边长，计算并输出该长方形的面积。输入和输出格式参见下图。

参考程序②

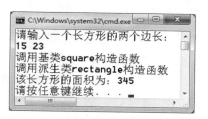

运行结果窗口显示：

```
请输入一个长方形的两个边长:
15 23
调用基类square构造函数
调用派生类rectangle构造函数
该长方形的面积为: 345
请按任意键继续....
```

★ 语法知识与编程技巧 ★

类的继承和 const 的深入使用

1. 类的继承

继承能够从一个类派生出一个新类，前者称为基类或父类，后者称为派生类或子类。通过继承，派生类自动得到除基类"私有成员、构造函数和析构函数"以外的基类其他数据成员和成员函数，并允许改变（或覆盖）所继承的那些无需拥有或不适合的成员，以及增加自己的新成员。也就是说，通过派生类可以复用基类的代码，也可以在派生类中为基类成员函数赋予新的意义或产生新的行为，以实现最大限度的代码复用。

（1）派生类的定义

一般语法格式如下：

```
class 派生类名:继承方式1 基类名1,继承方式2 基类名2,……
    {
        //派生类成员声明和定义
    }; //注意类体花括号和此处的分号不能缺少
```

例1: ……
```
    class userA
    {
        int xA, yA;
    };
    class userB:public userA
    { public:
        userB() : xB(12), yB(15)
        { cout<<"调用 userB 构造函数"<<endl; }
    private:
        double xB, yB;
    };
    void main(void)
    { userB myB;
      cout<<"sizeof(userA):"<<sizeof(userA)<<endl;
      cout<<"sizeof(userB):"<<sizeof(userB)<<endl;
    }
```

◇ 运行结果

说明:

◆ 当需要从基类派生出子类时,基类的定义必须放在派生类的定义之前。

◆ 在定义派生类时,需要在该类名后加冒号,并指明以什么方式从哪个基类进行继承。

◆ 通过以上示例(sizeof(userA):8,sizeof(userB):24)可见,继承把基类的所有非static 数据成员复制一份到派生类中(static 数据成员在全局中共享一份)。

◆ 派生类不同的继承方式会使基类的成员在派生类中有不同的封装等级。具体继承方式如下:

① public 方式继承:由基类继承而来的成员,在派生类中原封装等级保持不变,参见案例 9.2。

② protected 方式继承:由基类继承而来的成员,在派生类中原公有等级变为保护等级,私有等级保持不变。

③ private 方式继承:由基类继承而来的所有成员,在派生类中的等级都将变成私有等级。
因此,对派生类的成员而言,可以直接使用基类的公有型成员和保护型成员(父类的保护型成员对其子类来说就像是一个公有型成员)。但是,无论以何种方式继承,基类的私有型成员在派生类中均不能直接使用。如果想在派生类中使用基类的私有型成员,唯一的方法是通过基类的公有型成员来访问,参见案例 9.2 问题思考。

◆ 在一般情况下,都是采用 public 继承。这样做,可以使基类的接口也是派生类的接口。但当遇到需要隐藏这个类的基类的部分功能时,常会使用 private 继承。

（2）派生类的构造函数和析构函数

一般语法格式如下：

显式地调用基类构造函数

派生类名::派生类名(参数总表):基类名1(参数表1),基类名2(参数表2),……,
内嵌对象名1(内嵌对象参数表1),内嵌对象名2(内嵌对象参数表2),……
{
        //派生类新增成员的初始化
}

例2：……

```cpp
class userA
{ public:
        userA() : xA(2), yA(5)
            { cout<<"调用 userA 构造函数"<<endl; }
    private:
        int xA, yA;
};
class userB:public userA
{ public:
        userB() : xB(12), yB(15)
            { cout<<"调用 userB 构造函数"<<endl; }
    private:
        double xB, yB;
};
void main(void)
{ userB myB;
    cout<<"sizeof(userA):"<<sizeof(userA)<<endl;
    cout<<"sizeof(userB):"<<sizeof(userB)<<endl;
}
```

◇ 运行结果

```
C:\Windows\syste...
调用userA构造函数
调用userB构造函数
sizeof(userA):8
sizeof(userB):24
请按任意键继续. . .
```

例3：……

```cpp
class userA
{ public:
        userA(int x)
            { cout<<"调用 userA 构造函数"<<endl;
                xA=x*2;
                yA=x*5+8;   }
    private:
        int xA, yA;
};
class userB:public userA
```

```
          { public:
这条语句错误 →     userB():xB(12), yB(15)   //编译系统提示出错信息："Error：类 userA 不存在默认构造函数
                { cout<<"调用 userB 构造函数"<<endl; }
          private:
              double xB, yB;
          };
          void main(void)
          { userB myB;
            cout<<"sizeof(userA):"<<sizeof(userA)<<endl;
            cout<<"sizeof(userB):"<<sizeof(userB)<<endl;
          }
```

出错原因：

①编译系统在执行派生类构造函数前必须先调用基类构造函数。如果在派生类构造函数中没有显式地调用基类构造函数，编译系统将会自动地调用基类的无参构造函数（参见例 2）。

②当需要执行默认构造函数时，如果基类中没有提供任何构造函数，编译系统将会自动生成默认构造函数（参见例 1）。但是，如果基类中提供有其他构造函数，编译系统就会因程序中未提供默认构造函数而产生错误（如本例）。

解决方法：

在基类中显式地定义默认构造函数（即不带参数的构造函数）。

说明：

◆ 构造函数名与类名相同，同样地，派生类构造函数名与派生类名相同。

◆ 基类的构造函数和析构函数不能被派生类继承。也就是说，每一个类（包括派生类）都有自己的构造函数和析构函数。

◆ 派生类的构造函数不能直接去初始化基类的成员。

◆ 编译系统在执行派生类构造函数前必须先调用基类构造函数。如果在派生类构造函数中没有显式地调用基类构造函数，编译系统将会自动地调用基类的无参构造函数。而且当且仅当基类中显示地定义了无参构造函数，或者不提供任何构造函数时（这是编译系统会自动生成无参构造函数），该基类才存在无参构造函数。

◆ 派生类创建对象将会先调用基类构造函数，所以基类的初始化必定会被优先执行。

◆ 派生类构造函数执行的一般次序为：首先，按照基类被继承时的声明顺序，从左至右依次调用它们的构造函数来初始化派生类中的基类成员；然后，按照内嵌成员对象在类中的声明顺序，依次调用它们的构造函数；最后，调用派生类的构造函数来初始化派生类中的新成员。

◆ 析构函数的调用执行顺序与构造函数相反。所以，在完成清理任务时，派生类对象在基类对象之前被撤销。

（3）继承的工作方式

基类与派生类之间具有层次关系。当利用继承机制使用一个类时，这个类或者成为给其他类提供属性和行为的基类，或者成为继承其他类的属性和行为的派生类。通常，一个基类只描述一个事物的一般特征，而派生类有比基类更丰富的属性和行为。

例如，案例 9.2 中，基类 employee 是一个员工类，派生类 inEmployee 和 exEmployee 是从员工类中派生，是添加了自身的属性数据和行为函数生成的新类。

在 public 继承中，派生类的对象可以看成是其基类的对象，因此基类有更多相关对象。但是，派生类类型和基类类型是不同的，且派生类的成员通常会比基类的成员多，反过来基类对象不是其派生类对象。

一般而言，派生类成员简单地使用成员名就可以访问基类的 public 成员和 protected 成员。但是基类的 private 成员只能被基类的函数成员和友元访问。

使用派生类的对象访问基类或派生类的成员函数，具体访问方式为：

① 使用"对象名.函数名"，如案例 9.2 中，employee ww; ww.printValue();表示执行基类的 printValue 函数。

② 使用"对象名.类名:: 函数名"，如案例 9.2 中，class inEmployee:public employee {};inEmployee inw;inw.employee::printValue();同样表示执行基类的 printValue 函数。

如果需要，派生类还可以从多个基类继承，称为多重继承。所以继承有单继承和多重继承之分。而派生类本身也可能成为未来派生类的基类，称为多级派生。因此，基类也就分为直接基类和间接基类。在定义派生类时，需要显式地列出直接基类。而间接基类则是沿着类的层次向上继承。同时，如果派生类采用私有或保护继承方式时，其基类的成员将不能再向下继承。

继承是面向对象程序设计方法的重要特征之一。可以使用现有的类库实现继承。

2．const 的深入使用

（1）在函数声明中使用 const 修饰输入参数或返回值

① 当函数的输入参数为指针传递（或引用传递）时，使用 const 来修饰它，可以防止意外地改动，提升程序的健壮性。

> 例 1： 设 p1 是输入参数，p2 是输出参数，有
>
>   void fun(const char*p1, char*p2, int n);
>
>   如果函数体内的语句试图修改 p1 的内容，编译系统将指出错误。
>
> 例 2： 设 p1 是输入参数，p2 是输出参数，有
>
>   void fun(const char&p1, char&p2, int n);
>
>   如果函数体内的语句试图修改 p1，编译系统将指出错误。

② 当函数的返回值为指针传递（或引用传递）时，使用 const 来修饰它，可以防止意外地改动，并且这个返回值只能被赋给 const 修饰的同类型指针。

> 例 3： 设有 const double *fun(void);
>
>   则正确的使用方法为：
>
>   const double *p=fun();
>
>   如下的使用方法是错误的：
>
>   double *p=fun();

（2）在类中使用 const 修饰函数成员

在类的定义中，通常会将不应发生修改数据成员的函数成员，声明为 const 类型（称为常量函数成员，或常函数成员）。声明语法：紧邻于该函数圆括号之后，增加 const 后缀（参见如下例 4）。这样做的结果是：在执行过程中，一旦出现常函数成员有修改数据成员（或者调用了其他非常函数成员）的操作，编译系统将指出错误，因此提升了程序的健壮性。

一般情况下：

const+对象→常对象（也称为只读对象），const 对象只能访问 const 函数成员；

const+函数成员→常函数成员（也称为只读函数成员），const 函数成员不可以修改对象的数据成员；

const+对象成员→常对象成员（也称为只读对象成员），而 const 对象成员是不可修改的。

说明：

◆　const 对象的构造函数和析构函数不加 const 限制符。因为构造函数应允许修改对象，才能正确地将对象初始化；同样的，析构函数应能在对象删除之前进行清理工作。

◆　如果是在类外定义常函数成员，则该函数成员的定义语句也需要给出 const 后缀。

★ ★

9.3.2　类的组合与类的前向引用声明

一个复杂的类常常可以使用简单类的对象组合而成，这如同一个复杂的部件可以由简单的组件装配而成。

【案例 9.3-1】点类和线类的组合使用。

◇ **问题背景**

点类具有点坐标属性，以及获取和设置点坐标的行为；线类由点类的对象构成线段属性，并具有计算线段长度的行为。

◇ **思路分析**

① 点类中，坐标（x,y）为 private 数据。为了使用户能够读取该数据值，可以提供一个 get 函数成员；而为了使用户能够修改该数据值，可以提供一个 set 函数成员，同时可以利用 set 函数对数据进行检验，以保证数据设置的正确性。

也就是说，类数据为 private 并不表示用户不能改变这个数据。在设计时可以通过如上方法为用户提供改变和获取 private 数据的服务，但是这些函数的设计应确保数据完整性。

② 利用已有点类的对象构成新的类——线类，即通过类的组合来构建线类。

◇ **数据结构与算法**

规划数据结构如下：

① 定义点类（参见 class myPoint{}; ）。

a. 基本属性（数据成员）有：

私有成员：float x;

　　　　　float y;

b. 基本行为（函数成员）有：

公有成员：myPoint(float, float);　　　//构造函数

　　　　　~myPoint();　　　　　　　　 //析构函数

　　　　　float getX();　　　　　　　 //获得点 x 坐标

　　　　　float getY();　　　　　　　 //获得点 y 坐标

　　　　　void setX(float X);　　　　 //设置点 x 坐标

```
                void setY(float Y);                    //设置点y坐标
```
② 类的组合，构建线类（参见 `class myLine{};`）。

a．基本属性（数据成员）有：

私有成员：myPoint p1,p2;   //线段的两个端点，一个类的对象作为另一个类的成员

b．基本行为（函数成员）有：

公有成员：myLine(float, float, float, float);   //构造函数

　　　　　~myLine();   //析构函数

　　　　　float distance();   //计算两端点间距离

　　　　　void setXY(float, float, float, float);   //设置两端点坐标

※　组合类含有对象成员，所以构造函数需要采用初始化列表（参见 `myLine::myLine`
`(float x1,float y1,float x2, float y2):p1(x1,y1),p2(x2,y2) {}`）

③ 定义 **myLine** 类型的对象 **testL**（参见 `myLine testL(x1,y1,x2,y2);`）。

④ 定义 **4** 个 **int** 类型变量 **x1**、**y1**、**x2** 和 **y2**，用于存放点坐标。

设计算法如下：

通过对象 **testL** 的访问，完成计算线段长度的行为。

◇ **编程实现**

```
//9.3-1 点类和线类的组合

#include <iostream>
using namespace std;
//=====================================================
class myPoint
{ public:
    myPoint(float a,float b)
      { x=a;   y=b;
        cout<<"调用 myPoint(float,float)构造函数"<<endl; }
    ~myPoint()
      {cout<<"调用 myPoint 析构函数"<<endl; }
    float getX() {return x;}
    float getY() {return y;}
    void setX(float X) {x=X;}
    void setY(float Y) {y=Y;}
  private:
    float x;
    float y;
};
//=====================================================
class myLine
```

填空练习

```cpp
{ public:
    myLine(float, float, float, float);
    ~myLine()
        {cout<<"调用 myLine 析构函数"<<endl; }
    float distance();
    void setXY(float, float, float, float);
  private:
    myPoint p1,p2;
};
//=======================================================
myLine::myLine(float x1,float y1,float x2, float y2):p1(x1,y1),p2(x2,y2)
{   cout<<"myLine 构造函数初始化表:p1("<<p1.getX()<<","<<p1.getY()
        <<");p2("<<p2.getX()<<","<<p2.getY()<<")"<<endl;
}

//===========================
float myLine::distance()
{   cout<<"两端点("<<p1.getX()<<","<<p1.getY()<<"),("
        <<p2.getX()<<","<<p2.getY()<<")距离为: ";
    return sqrt(pow(p2.getX()-p1.getX(),2)+pow(p2.getY()-p1.getY(),2));
}
//===========================
void myLine::setXY(float xx1,float yy1,float xx2,float yy2)
{   p1.setX(xx1);p1.setY(yy1);
    p2.setX(xx2);p2.setY(yy2);
}


void main(void)
{   //===========================
    float x1,y1,x2,y2;
    cout<<"请输入点 1(x1,y1)和点 2（x2,y2）坐标:"<<endl;
    cin>>x1>>y1>>x2>>y2;
    //=================================
    myLine testL(x1,y1,x2,y2);
    cout<<testL.distance()<<endl;
    //=================================
    testL.setXY(0,0,34,45);
    cout<<testL.distance()<<endl;
}
```

◇ 运行结果

```
C:\Windows\system32\cmd.exe
请输入点1(x1,y1)和点2（x2,y2）坐标:
10 10 34 45
调用myPoint(float,float)构造函数
调用myPoint(float,float)构造函数
myLine构造函数初始化表:p1(10,10);p2(34,45)
两端点(10,10),(34,45)距离为: 42.4382
两端点(0,0),(34,45)距离为: 56.4004
调用myLine析构函数
调用myPoint析构函数
调用myPoint析构函数
请按任意键继续. . .
```

修改案例 9.3-1，让线类具有绘制以白色为背景的红色的水平虚线的行为。

```cpp
//程序欣赏 2：绘制一组彩色的水平虚线
#include <windows.h>
#include <iostream>
using namespace std;
//屏幕光标的定位
void setLocationCoordinates(HANDLE hOut,float x,float y)
{   COORD pos = {x, y};
    SetConsoleCursorPosition(hOut,pos);
}
//=====================================================
class myPoint
{ public:
      myPoint(float a,float b) { x=a;   y=b; }
      ~myPoint(){ }
      //=====================
      friend class myLine ;
      void setX(float X) {x=X;}
      void setY(float Y) {y=Y;}
   private:
      float x;
      float y;
};
//=====================================================
class myLine
{ public:
      myLine(float x1,float y1,float x2, float y2):p1(x1,y1),p2(x2,y2) { }
      ~myLine(){ }
      void myLine::paintingLine(HANDLE hOut);
       void setXY(float, float, float, float);
   private:
      myPoint p1,p2;
};
//===========================
void myLine::paintingLine(HANDLE hOut)
{    for(int i=p1.x;i<=p2.x;i++)
```

```cpp
        { setLocationCoordinates(hOut,i, p1.y);
            cout<<"-";
        }
    cout<<endl;
}
//=============================
void myLine::setXY(float xx1,float yy1,float xx2,float yy2)
{   p1.setX(xx1);p1.setY(yy1);
    p2.setX(xx2);p2.setY(yy2);
}


void main(void)
{   //设置输出窗口的颜色
    system("color F2");
    //对象的句柄，获得输出屏幕缓冲区的位置
    HANDLE hOut;
    hOut = GetStdHandle(STD_OUTPUT_HANDLE);
    //保存当前屏幕字体颜色
    CONSOLE_SCREEN_BUFFER_INFO fontColor;
    WORD oldConsoleTextAttribute;
    if (!GetConsoleScreenBufferInfo(hOut, &fontColor))
        {MessageBox(NULL,TEXT("GetConsoleScreenBufferInfo"),TEXT("fontColor Error"), MB_OK);}
    oldConsoleTextAttribute = fontColor.wAttributes;
    //======================================
    float x1,y1,x2,y2;
    cout<<"请输入水平线两端点坐标:"<<endl;
    cin>>x1>>y1>>x2>>y2;
    myLine testL(x1,y1+2,x2,y1+2); //允许坐标以（0,0）起点；这里水平线 y 坐标，取 y1 值
    //设置屏幕字体颜色
    SetConsoleTextAttribute(hOut,FOREGROUND_INTENSITY | FOREGROUND_RED | BACKGROUND_INTENSITY
                        |BACKGROUND_RED | BACKGROUND_GREEN | BACKGROUND_BLUE );
    //======================================
    int i,ii;
    for(i=0;i<5;i++)
        { testL.setXY(x1+i,y1+2+i,x2+i,y1+2+i);
            testL.paintingLine(hOut);
        }
    SetConsoleTextAttribute(hOut,FOREGROUND_INTENSITY | FOREGROUND_RED | BACKGROUND_INTENSITY
```

```
                    |BACKGROUND_RED | BACKGROUND_GREEN);
    for(ii=i; ii<i+5;ii++)
      { testL.setXY(x1+ii,y1+2+ii,x2+ii,y1+2+ii);
         testL.paintingLine(hOut);
      }
    //还原屏幕字体颜色
    SetConsoleTextAttribute(hOut,oldConsoleTextAttri
bute );
    cout<<endl;
}
```

◇ 运行结果

★ 语法知识与编程技巧 ★

类的组合与类的前向引用声明

1．类的组合

类的组合就是利用已有类的对象构成新的类，也称为复合。也可以说，当使用一个类的对象作为另一个类的成员时即为类的组合。通常也将组合生成的类称为组合类。

组合类的构造函数，其一般语法格式如下：

```
类名::类名(对象成员所需的形参,本类成员形参)
    :内嵌对象1(参数),内嵌对象2(参数),……
{
    //本类的初始化
}
```

调用执行顺序是：先调用内嵌对象的构造函数（按内嵌时的声明顺序，先声明者先构造），然后调用本类的构造函数；析构函数的调用顺序相反。

而且，如果是调用默认构造函数，则内嵌对象的初始化也将调用相应的默认构造函数。

```
例1: #include <iostream>
    using namespace std;
    class nNum
    {   public:
            nNum():xn(23),yn(14)              //用构造函数初始化列表为数据成员分配初值
              {   cout<<"调用 nNum 构造函数"<<endl;    }
            int getXn()const {  return xn;}   //用公有函数提供对外私有数据的读取接口（或称界面）
            int getYn()const {  return yn;}
        private:
            int xn,yn;
    };
    class nComp
```

```
{  public:
        //数据成员 pc 是指针型的，需要先 new 一个内存空间，以存放分配的初值（如10）；
        //内嵌对象 pnc 是指针型的，需要先 new 一个 nNum 对象实体空间，以存放自动调用构造函
        //数 nNum() 时得到的对象数据成员初值；
        //而数据成员 zc 和内嵌对象 xnc 则不需要考虑如上问题。
        nComp():zc(30),pc(new int(10)),pnc(new nNum)
        {   cout<<"调用 nComp 构造函数"<<endl;
            if(zc>=*pc) cout<<"zc>=*pc, "<<pnc->getXn()-pnc->getYn()<<endl;
            else cout<<"zc<*pc, "<<xnc.getXn()+xnc.getYn()<<endl;
        }
        ~nComp()
        {  cout<<"调用析构函数"<<endl;
           delete pc;   pc=NULL;
           delete pnc; pnc=NULL;
        }
    private:
        int zc,*pc,p;
        nNum xnc,*pnc;
};
//=========================================
void main(void)
{  nComp userA;
}
```

◇ 运行结果

```
C:\Windows\sys...
调用nNum构造函数
调用nNum构造函数
调用nComp构造函数
zc>=*pc, 9
调用析构函数
请按任意键继续. . .
```

说明：

◆ 若类 B 是类 A 的内嵌对象，则类 B 可以得到类 A 的全部成员。

◆ 使用初始化列表的构造函数（详细内容参见 9.2.2 节的"语法知识与编程技巧"）。

◆ 如果将类的组合和继承相比较，则：

✓ 共同之处是：它们的使用都可以减少重复代码。通常会使用继承的复用创建新的组件，使用组合的复用组装已有的组件，所以这两者常被一起使用。

✓ 不同之处是：public 继承支持的"是"关系，而组合是一种"有"关系。通过组合类的对象只能访问组合类的成员，不能直接访问被组合类的函数成员（即只能通过适合的接口访问）；而通过派生类的对象不但可以访问派生类的成员，也能够按权限访问基类的成员函数。

2．类的前向引用声明

同变量使用方法一样，类也应该是先定义，后使用。如果需要在某个类的定义之前引用该类，则应对这个类进行前向引用声明。

前向引用声明只为程序引入一个标识符，但该类的具体定义可在其他地方。

```
例如：class userB;  //前向引用声明
      class userA
        {    public:
             void fun(userB X);
             ......
        };
      class userB
        { ...... };
```

★ ★

9.3.3 对象的复制操作和拷贝构造函数

当使用类的一个对象去初始化该类的另一个对象，或调用函数的参数是类的对象时，编译系统将会自动调用拷贝构造函数来完成对象的复制操作。

【案例 9.3-2】对象的复制和拷贝构造函数。

◇ **问题背景**

修改案例 9.3-1"点类和线类的组合"，使用拷贝构造函数。

◇ **思路分析**

当使用类的一个对象去初始化该类的另一个对象，或函数的形参是类的对象时，编译系统将调用拷贝构造函数完成初始化任务。所以，当存在类的组合关系时，通常会使用拷贝构造函数。

◇ **数据结构与算法**

规划数据结构如下：

① **定义点类**（参见 class myPoint{}; ）。

a．基本属性（数据成员）有：

私有成员：float x;
         float y;

b．基本行为（函数成员）有：

公有成员：myPoint(float, float);   //构造函数
         myPoint(const myPoint &) ;   //拷贝构造函数
         ~myPoint();   //析构函数
         float getX();   //获得点 x 坐标
         float getY();   //获得点 y 坐标
         void setX(float);   //设置点 x 坐标
         void setY(float);   //设置点 y 坐标

② **类的组合，构建线类**（参见 class myLine{}; ）。

a．基本属性（数据成员）有：

私有成员：myPoint p1,p2; //线段的两个端点，一个类的对象作为另一个类的成员

b．基本行为（函数成员）有：

公有成员：myLine(float, float, float, float);   //构造函数

```
    myLine(const myLine &);                        //拷贝构造函数
    ~myLine();                                      //析构函数
    float distance();                              //计算两端点间距离
    void setXY(float, float, float, float);        //设置两端点坐标
```

※ 因含有对象成员，所以构造函数和拷贝构造函数需要采用初始化列表（参见 `myLine::myLine(myPoint userP1,myPoint userP2):p1(userP1),p2(userP2)` 和 `myLine::myLine(const myLine &userL):p1(userL.p1),p2(userL.p2)`。）

③ 定义 **myPoint** 类型的对象 **testP1**（参见 `myPoint testP1(x1,y1), testP2(x2,y2);`）。

④ 定义 2 个 **myLine** 类型的对象 **testL1** 和 **testL2**（参见 `myLine testL1(testP1,testP2);` 和 `myLine testL2(testL1);`）。

⑤ 定义 4 个 **int** 型变量 **x1**、**y1**、**x2** 和 **y2**，用于存放点坐标。

算法设计 1：

通过对象 **testL1** 和 **testL2** 的访问，完成对拷贝构造函数的测试，以及线段的计算。

◇ **编程实现 1**

```
//9.3-2 拷贝构造函数的使用
#include <iostream>
using namespace std;
//===============================================================
class myPoint
{ public:
    myPoint(float, float) ;
    myPoint(const myPoint &) ;
    ~myPoint(){cout<<"调用 myPoint 析构函数"<<endl;}
    float getX(){return x;}
    float getY(){return y;}
    void setX(float X){x=X;}
    void setY(float Y){y=Y;}
  private:
    float x;
    float y;
};
//==============================
myPoint::myPoint(float a,float b) : x(a),y(b)
{
    cout<<"调用 myPoint(float,float)构造函数"<<endl;
}
//==============================
```

```cpp
myPoint::myPoint(const myPoint &pp) : x(pp.x),y(pp.y)
{
    cout<<"调用 myPoint::myPoint(myPoint &) 拷贝构造函数"<<endl;
}
//==============================================================
class myLine
{ public:
    myLine(myPoint, myPoint);
    myLine(const myLine &);
    ~myLine(){cout<<"调用 myLine 析构函数"<<endl;}
    float distance();
    void setP1P2(myPoint, myPoint);
  private:
    myPoint p1,p2;
};
//==============================
myLine::myLine(myPoint userP1,myPoint userP2):p1(userP1),p2(userP2)
{   cout<<"执行 myLine(myPoint,myPoint)构造函数初始化表:p1("
        <<p1.getX()<<","<<p1.getY()<<");p2("<<p2.getX()<<","
        <<p2.getY()<<")"<<endl;
}
//==============================
myLine::myLine(const myLine &userL):p1(userL.p1),p2(userL.p2)
{   cout<<"执行 myLine(myLine &)拷贝构造函数初始化表:p1("
        <<p1.getX()<<","<<p1.getY()<<");p2("<<p2.getX()<<","
        <<p2.getY()<<")"<<endl;
}
//==============================
float myLine::distance()
{   cout<<"两端点("<<p1.getX()<<","<<p1.getY()<<"),("<<p2.getX()<<","<<p2.getY()<<")距离为: ";
    return sqrt(pow(p2.getX()-p1.getX(),2)+pow(p2.getY()-p1.getY(),2));
}
//==============================
void myLine::setP1P2(myPoint pp1, myPoint pp2)
{   p1=pp1;
    p2=pp2;
}

void main(void)
```

```
{        //===========================
    float x1,y1,x2,y2;
    cout<<"请输入点1(x1,y1)和点2（x2,y2）坐标:"<<endl;
    cin>>x1>>y1>>x2>>y2;
    cout<<"-----------------------------"<<endl;
    //===================================================
    myPoint testP1(x1,y1), testP2(x2,y2);
    cout<<"================================="<<endl;
    //===================================================
    myLine testL1(testP1,testP2);
    cout<<testL1.distance()<<endl;
    testL1.setP1P2(myPoint(10,30),myPoint(120,260));
    cout<<testL1.distance()<<endl;
    cout<<"******************************"<<endl;
    cout<<"利用拷贝构造函数建立一个新对象"<<endl;
    //===================================================
    myLine testL2(testL1);
    cout<<testL2.distance()<<endl;
}
```

◇ 运行结果

算法设计 2：

利用友元类实现矩形类对点类私有成员的引用。

◇ **编程实现 2**

```
//9.3-3 类的组合+友元类：计算两点间距离
#include <iostream>
using namespace std;
//========================================================
class myPoint
{ public:
    myPoint(float, float) ;
    myPoint(const myPoint &) ;
  ~myPoint(){ }
    void setX(float X){x=X;}
    void setY(float Y){y=Y;}
    //============================
    friend class myLine;
  private:
    float x;
    float y;
};
//============================
myPoint::myPoint(float a,float b) : x(a),y(b){  }
myPoint::myPoint(const myPoint &pp) : x(pp.x),y(pp.y){    }
//========================================================
class myLine
{ public:
    myLine(myPoint, myPoint);
    myLine(const myLine &);
    ~myLine(){ }
    float distance();
    void setP1P2(myPoint, myPoint);
  private:
    myPoint p1,p2;
};
//============================
myLine::myLine(myPoint userP1,myPoint userP2):p1(userP1),p2(userP2)
{   cout<<"p1("<<p1.x<<","<<p1.y<<");p2("<<p2.x<<","
```

```cpp
            <<p2.y<<")"<<endl;
}
//===============================
myLine::myLine(const myLine &userL):p1(userL.p1),p2(userL.p2)
{   cout<<"p1("<<p1.x<<","<<p1.y<<");p2("<<p2.x<<","
        <<p2.y<<")"<<endl;
}
//===============================
float myLine::distance()
{   cout<<"两端点("<<p1.x<<","<<p1.y<<"),("
        <<p2.x<<","<<p2.y<<")距离为：";
    return sqrt(pow(p2.x-p1.x,2)+pow(p2.y-p1.y,2));
}
//===============================
void  myLine::setP1P2(myPoint pp1, myPoint pp2)
{   p1=pp1;
    p2=pp2;
}

void main(void)
{
    float x1,y1,x2,y2;
    cout<<"请输入点 1(x1,y1)和点 2（x2,y2）坐标:"<<endl;
    cin>>x1>>y1>>x2>>y2;
    myPoint testP1(x1,y1), testP2(x2,y2);
    myLine testL1(testP1,testP2);
    cout<<"================================"<<endl;
    cout<<testL1.distance()<<endl;
   testL1.setP1P2(myPoint(10,30),myPoint(120,260));
    cout<<testL1.distance()<<endl;
    cout<<"*****************************"<<endl;
    cout<<"利用拷贝构造函数建立一个新对象"<<endl;
    myLine testL2(testL1);
    cout<<testL2.distance()<<endl;
}
```

◇ 运行结果

```
C:\Windows\system32\cmd.exe
请输入点1(x1,y1)和点2（x2,y2）坐标：
1 2 26 49
p1(1,2);p2(26,49)
================================
两端点(1,2),(26,49)距离为：53.2353
两端点(10,30),(120,260)距离为：254.951
*****************************
利用拷贝构造函数建立一个新对象
p1(10,30);p2(120,260)
两端点(10,30),(120,260)距离为：254.951
请按任意键继续. . .
```

◇ 问题拓展

① 修改案例 9.3-2，组合点类构造一个矩形类，实现根据键盘输入的两点坐标，计算和输出

矩形的长、宽、周长和面积。输入和输出格式参见下图。

参考程序① 　　参考程序②

② 任务同以上问题拓展①，要求：利用友元类实现矩形类对点类私有成员的引用。

★ 语 法 知 识 与 编 程 技 巧 ★

对象的复制操作和拷贝构造函数

1．对象的复制操作

对象的复制操作涉及两个概念：一个是对象的浅拷贝，另一个是对象的深拷贝。

（1）对象的浅拷贝

> 例1：clock k1,k2;
>
> 　　　K2=k1;　//编译系统将会自动调用赋值运算符函数

赋值运算符函数的原型如下：T& operator=(const T&);。系统提供的公有的默认赋值运算符"="的默认行为是复制类的数据成员，将对象 k2 的成员逐一复制给同类型对象 k1 的成员，执行结果是两个对象共用同一地址空间，俗称为浅拷贝。

> 例2：clock k1,k2=k1,k3(k1);　//初始化时，编译系统将会自动调用拷贝构造函数

当创建对象并执行对象的复制时，编译系统将会自动调用拷贝构造函数。而且在未显式地定义拷贝构造函数的情况下，编译系统将调用系统提供的公有的默认拷贝构造函数。因为系统提供的默认拷贝构造函数在完成复制的过程中并未重新分配资源，所以它实际实现的就是浅拷贝。

浅拷贝可能会引发的问题：当数据成员中含有指针时，其结果就会很难预料。因为，这两个对象的指针必将指向同一个存储空间。而两个对象拥有同一资源带来的问题是：① 一个对象对数据的改动会影响到另一个对象；② 当对象析构时，该资源将经历两次资源返还，导致指针悬挂（即指针指向非法的内存地址而无法正常使用，俗称为"野指针"）异常。

> 例如：#include <iostream>
>
> 　　using namespace std;
>
> 　　//==
>
> 　　class A
>
> 　　{ public:
>
> 　　　　A():a(10),b(20){ cout<<"调用类 A 默认构造函数"<<endl;}
>
> 　　　　int getA(){return a;}
>
> 　　　　int b;
>
> 　　　private:
>
> 　　　　int a;
>
> 　　};

```
//========================================================
class B
{ public:
    B():c(40),d(50),p1(new A),p2(new A){ cout<<"调用类B默认构造函数"<<endl;}
    ~B(){   cout<<"调用类B析构函数"<<endl;
            delete p1;  p1=NULL;
            delete p2;  p2=NULL;    }
    int getC(){return c;}
    A getP1(){return *p1;}
    int d;
    A *p2;  //数据成员中含有指针
  private:
    int c;
    A *p1;  //数据成员中含有指针
};
//============================
```

◇ 运行结果

可见在二次调用类B析构函数时出现错误。

```
void main(void)
{   B *ptr=new B,objX(*ptr);
    //注意不同封装等级的对象成员的使用方法
    cout<<"delete 之前: "<<objX.d<<","<<objX.getC()<<endl;
    cout<<"            "<<objX.getP1().getA()<<","<<objX.getP1().b<<endl;
    cout<<"            "<<objX.p2->getA()<<","<<objX.p2->b<<endl;
    delete ptr;  ptr=NULL;  //当对象析构时
    cout<<"delete 之后: "<<objX.d<<","<<objX.getC()<<endl;
    cout<<"            "<<objX.getP1().getA()<<","<<objX.getP1().b<<endl;
    cout<<"            "<<objX.p2->getA()<<","<<objX.p2->b<<endl;
}
```

（2）对象的深拷贝

显式地定义拷贝构造函数，在创建对象时重新为它分配资源，使之不但拷贝成员，也拷贝资源，俗称深拷贝。也就是说，深拷贝的结果是两个对象使用不同的地址空间，它们在逻辑上是不相关的，只是内容相同。

说明：

◆ 深拷贝与浅拷贝的区别在于深拷贝将重新申请内存空间来储存数据，从而也就解决了指针悬挂的问题。

◆ 当需要拷贝的对象成员中含有动态分配存储体时，需要使用深拷贝。

◆ 当需要拷贝的对象成员中包含其他对象的引用时，如果需要拷贝这个对象引用的对象，则应使用深拷贝，否则可以使用浅拷贝。

2．拷贝构造函数

要实现深拷贝，就要编写拷贝构造函数。拷贝构造函数是一种特殊的构造函数，其形参中必须至少有一个为本类的对象引用，也称为复制构造函数。一般语法格式如下：

```
class 类名
{ public:
    类名(形参);    //构造函数
    类名(const 类名 &);    //拷贝构造函数的声明
    ......

};
类名::类(const 类名 &对象名)    //拷贝构造函数的实现
{
    //函数体
}
```

普通的构造函数是在创建对象时被调用，而拷贝构造函数是在以下三种情况下被调用：
① 使用类的一个对象去初始化该类的另一个对象时；
② 函数的形参是类的对象，在发生函数调用(形参和实参结合)时；
③ 函数的返回值是类的对象，函数执行完毕返回调用处时。

例如：上例中，在B类中，增加用户自定义的拷贝构造函数，内容如下：

```
B(const B& obj):c(obj.c),d(obj.d),p1(new A),p2(new A)
    {
            cout<<"调用类 B 拷贝构造函数"<<endl;
    }
```

◇ 运行结果

说明： 拷贝构造函数的形参，一般使用加 const 限定修饰符的形式，即类名(const 类名 &);，表示该对象是一个不能被更新的常量，从而提高效率，并防止对象被不慎修改。

★ ★

9.3.4　函数重载和函数覆盖

通过第6章（续）的学习已知，函数重载的意义在于能够使用同一个名字访问一组功能类似的函数。这里，主要学习函数重载在类中的使用。而利用函数覆盖可以在派生类中替换基类原有的行为。

【案例9.4】　在类中的函数重载与函数覆盖。

◇ 问题背景

通过阅读和上机调试该程序，加深对基类和派生类中函数重载的理解。

◇ 数据结构与算法

规划数据结构如下：
① 定义 1 个基类（参见 class userA {};）。

公有成员：void display(void);   //显示提示信息

           int maxUser(int, int);   //返回两个数中的大值

           double maxUser(double, double);   //maxUser 成员函数重载

② 定义 1 个派生类并以公有继承（参见 class userB:public userA {}; ）。

公有成员：void display(void);   //基类 display 成员函数覆盖

③ 定义 userA 类型的对象 objectA（参见 userA objectA; ）。

④ 定义 userB 类型的对象 objectB（参见 userB objectB; ）。

设计算法如下：

通过对象 objectA 和 objectB 的访问，测试函数重载和函数覆盖。

例如：cout<<objectA.maxUser(23,45)<<endl;   //自动执行基类的 int max 函数

     cout<<objectA.maxUser(23.12,45.34)<<endl;   //自动执行基类的 double max 函数

     objectB.display();   //执行派生类的 display 函数

     objectA.display(); 或 objectB.userA::display(); //执行基类的 display 函数

◇ **编程实现**

```cpp
//9.4 函数重载与函数覆盖
#include <iostream>
using namespace std;
//=============================================================
class userA
{ public:
    //========================
    void display(void)
        { cout<<"基类 userA 输出"<<endl; }
    //========================
    int maxUser(int xInt, int yInt)
        { cout<<"调用 maxUser(int,int)"<<endl;
          int zInt;
          zInt=(xInt > yInt?xInt:yInt);
          return zInt;
        }
    double maxUser(double xDouble, double yDouble)
        { cout<<"调用 maxUser(double,double)"<<endl;
          double zDouble;
          zDouble=(xDouble > yDouble ? xDouble : yDouble);
          return zDouble;

        }
};
//=============================================================
class userB:public userA
```

填空练习

```
{ public:
    void display(void)
        {  cout<<"派生类 userB 输出"<<endl; }
};


void main(void)
{   //=============================
    userA objectA;
    userB objectB;
    //=============================
    cout<<objectA.maxUser(23,45)<<endl;
    cout<<objectA.maxUser(23.12,45.34)<<endl;
    objectA.display();
    objectB.display();
    objectB.userA::display();
}
```

◇ 运行结果

```
C:\Windows\system32\c...
调用maxUser(int,int)
45
调用maxUser(double,double)
45.34
基类userA输出
派生类userB输出
基类userA输出
请按任意键继续....
```

───── ★语法知识与编程技巧★ ─────

函数重载与函数覆盖

多态性是面向对象程序设计的重要特征之一。简单地讲，多态性是指有继承关系的不同类的对象，能够对同一消息做出不同的响应。多态性的实现可分为静态多态性和动态多态性。其中，静态多态性也称为编译时的多态性，主要通过函数重载和运算符重载实现；动态多态性也称为运行时的多态性，主要通过继承和虚函数实现（限于篇幅，关于虚函数的内容不在本教材学习范围内）。

通过本教材 6.6 节的学习可知，函数重载使得具有类似功能的不同函数可以使用同一名称（其形参类型或个数必须有所不同），而编译系统只用参数表区别同名函数。通过本教材 9.3.1 节的学习可知，使用继承机制，派生类可以改写基类的函数成员，从而实现新的功能。

而在类中出现同名函数有两种情况：一种是发生在同一个类中，是同类的成员函数重载，即函数的形参如上述差别的重载，例如案例 9.4 的基类 maxUser 函数成员的重载；另一种是发生在有继承关系的不同类中，分属于不同类的成员函数覆盖，例如案例 9.4 的基类 display 函数成员在派生类中的函数覆盖。换句话说，函数覆盖只允许发生在继承关系上，而且在派生类中访问该函数时，以函数名调用的就是派生类的函数成员；否则，必须以基类名:: 函数名显式地调用基类的函数成员。

实际上，在类中的普通成员函数和构造函数都可以重载，特别是构造函数的重载给用户更大的灵活性。

说明：

◆　派生类中覆盖定义的一些限制：① 当函数的返回值为基本类型时，派生类的覆盖函数的返回类型必须与基类函数相同；② 当函数的返回值为指向类类型的指针或引用时，派生类的覆盖函数的返回类型可以是基类函数返回值类型的子类型。

◆ 如果在案例 9.4 的 class userA 中增加如下重载函数：

void display(int x=5) { cout<<"基类 userA 输出"<<endl; }

则在相应主函数中原语句 objectA.display();和 objectB.userA::display();就会被提示出错。出错的原因：void display(int x=5)的参数预设初值，调用函数可以省略该量的传入，造成它与 void display(void)函数的调用产生混淆，致使系统无法确定该调用哪一个。因此，使用带有默认形参值的函数时，一定要确保该函数只对应到一个函数定义。

★ ★

9.3.5　运算符重载

一般而言，用于类类型的对象的运算符需要重载。而运算符重载是通过编写函数定义实现的，它的函数名是由 operator 和要重载的运算符组成的，例如：operator+。

【案例 9.5】 两个一维数组元素的求和运算。

◇ **问题背景**

利用双目运算符"+="和单目运算符"++"（前缀方式）重载，实现数组类中两个一维数组元素的求和运算。

◇ **数据结构与算法**

规划数据结构如下：

① 定义 1 个类（参见 class mathArray{};)。

a．基本属性（数据成员）有：

私有成员：int *ptr;	//动态申请空间存放数组的元素
int size;	//数组中实际元素个数

b．基本行为（函数成员）有：

公有成员：mathArray(int arraySize=10) ;	//构造函数，提供有默认参数值
mathArray(const mathArray &);	//拷贝构造函数
~mathArray();	//析构函数
void display();	//输出数组元素
int getSize()const;	//获取数组的长度
mathArray &operator+=(mathArray &);	//成员函数，重载双目运算符 + =
mathArray operator++();	//成员函数，重载单目前缀运算符 + +

② 定义 3 个 mathArray 类型的对象 arrA、arrB 和 arrC（参见 mathArray arrA(5), arrB(10), arrC(8);)。

设计算法如下：

① 通过 mathArray& mathArray::operator+=(mathArray &v) 将+=运算符函数重载为本类的成员函数。在进行两数组元素相加运算时，其长度取这两个数组长度中较短的（参见 int temp=v.size>size?size:v.size;)，相加结果放在被加数组中（参见 ptr[j]=ptr[j] + v.ptr[j];)，函数执行完毕返回当前对象的引用（参见 return *this;)。

② 通过 mathArray mathArray::operator++()将前缀++运算符函数重载为本类的成员函数。在进行数组++运算时，实际是完成当前对象数组中每个元素值均自增 **1** 的操作（参见 ++ptr[j];），函数执行完毕返回当前对象的一个拷贝（参见 return *this;）。

③ 通过三个长度不同的数组对象 arrA、arrB 和 arrC，完成两个一维数组元素的求和以及自增运算。具体操作如下：

a. 隐式调用重载的"+="运算符，执行数组 A 与数组 B 对应元素相加（参见 arrA+= arrB;，它相当于 arrA.operator+=(arrB); ）。

b. 显式调用重载的"+="运算符，执行数组 B 与数组 C 对应元素相加（参见 arrC.operator +=(arrB);，它相当于 arrC+= arrB; ）。

c. 隐式调用重载的前缀"++"运算符，对数组 B 中元素执行++运算（参见++ arrB;，它相当于 arrB.operator++( ); ）。

◇ **编程实现**

```
//9.5 两个一维数组元素的求和运算
#include <iostream>
using namespace std;
//==========================================================
class mathArray
{ public:
    mathArray(int arraySize=10);
    mathArray(const mathArray &);
    ~mathArray();
    void display();
    int getSize()const;
    //============运算符重载============
    mathArray &operator+=(mathArray &);
    mathArray operator++();
  private:
    int *ptr;
    int size;
};
//=============================
mathArray::mathArray(int arraySize)
{   size=arraySize;
    ptr=new int[size];
    for( int j=0; j<size; j++)
        ptr[j]=j;
}
```

```
//=================================
mathArray::mathArray(const mathArray &init)
{    size=init.size;
     ptr=new int[size+1];
     for( int j=0; j<size; j++)
         ptr[j]=init.ptr[j];
}
//=================================
mathArray::~mathArray( )
{    delete [ ] ptr; ptr=NULL; }
//=================================
int mathArray::getSize( ) const
{    return size;  }
//=================================
void mathArray::display()
{    for( int j=0; j<size; j++)
         cout<<ptr[j]<<  "," ;
     cout<<endl;
}
//=================================
mathArray& mathArray::operator+=(mathArray &v)
{    int temp=v.size>size?size:v.size;
     for( int j=0; j<temp; j++)
         ptr[j]=ptr[j] + v.ptr[j];
     return *this;
}
//=================================
mathArray mathArray::operator++()
{    for( int j=0; j<size; j++)
         ++ptr[j];
     return *this;
}

void main(void)
{    //=================================
     mathArray arrA(5), arrB(10), arrC(8);
     cout<<"初始化数组 A: ";
     arrA.display();
```

```
        cout<<"初始化数组 B: ";
        arrB.display();
        cout<<"初始化数组 C: ";
        arrC.display();
        //===============================
        arrA += arrB;
        cout<<"执行数组 A 与数组 B 对应元素相加后，数组 A 中内容: ";
        arrA.display();
        //===============================
        arrC.operator +=(arrB);
        cout<<"执行数组 B 与数组 C 对应元素相加后，数组 C 中内容: ";
        arrC.display();
        //===============================
        ++ arrB;
        cout<<"在对数组 B 中元素执行++运算之后,其内容: "<<endl;
        arrB.display();
}
```

◇ 运行结果

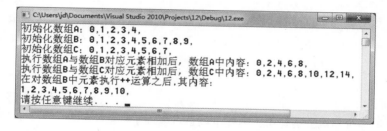

━━━★ 语法知识与编程技巧 ★━━━

运算符重载

类是用户自定义的数据类型，类的对象的运算操作也需要用户来设计，其方法就是通过运算符重载。所谓运算符重载就是通过运算符函数 operator 赋予原有运算符新的多重含义。

1. 运算符重载的定义

一般语法格式如下：

```
函数返回值类型 operator 运算符名称([数据类型 1 形参 1], [数据类型 2 形参 2],…)
{
    //对运算符重新定义的运算
}
```

说明：

◆   C++中只能对已有的 C++运算符进行重载，不允许用户自定义新的运算符。

◆ C++中对一个运算符进行重载时，它的操作数至少有一个是类类型或枚举类型。

◆ C++中除了少量运算符（包括成员访问运算符"．"、成员指针访问运算符"．*"、作用域运算符"：："、长度运算符"sizeof"以及条件运算符"？："）以外，绝大部分的运算符都可以被重载。

◆ 运算符被重载之后，既不能改变原运算符的优先级和结合性，也不能改变运算符操作数的个数（例如，单目运算符只能重载为单目运算符，双目运算符只能重载为双目运算符）。

◆ 运算符重载实质上就是函数的重载，且原有的功能仍然保留，例如，"+="仍然可以用于 int 等基本数据类型的运算。编译程序对运算符重载的选择，遵循函数重载的选择原则。当遇到非显式地运算时，编译程序将去寻找参数相匹配的运算符函数。

2．运算符函数 operator 的重载形式

运算符函数既可以重载为类的函数成员，也可以是非函数成员。也就是说，运算符重载定义有两种形式：全局重载定义和作为类函数成员重载定义。

设有某个用户自定义类类型的两个对象 obj1 和 obj2，则对于 <u>obj1 OP obj2</u> 运算，一般而言，当运算符 OP 按照全局方式进行重载时，将被编译器转换为：

operator OP(obj1,obj2)　//obj1 和 obj2 都是程序显式地提供的参数对象

而当运算符 OP 按照函数成员方式进行重载时，将被编译器转换为：

obj1.operator OP(obj2) //obj1 是操作符 OP 的调用对象，obj2 为参数对象

也就是说，当运算符函数 operator 重载为类的函数成员时，它可以直接访问本类的数据成员。由此，当通过该类的某个对象来调用这个重载运算符函数时，其中的一个操作数就是（由 this 指针所指向的）该对象的数据成员，其余的操作数则以该函数参数传递方式来给出。所以，除自增和自减的后置运算之外，重载为类的成员函数的运算符函数的形参数量将会比全局方式的形参数量少一个。

说明：

◆ 一般而言，除赋值运算符（＝）和地址运算符（＆）外，其他用于类类型的对象的运算符必须重载。赋值运算符和地址运算符不需要重载就可以用于任何类的对象，但它们也可以被重载。其中，赋值运算符的默认行为是复制类的数据成员（参见案例 9.3(b)"对象的复制和拷贝构造函数"），地址运算符返回对象在内存中的地址。

◆ 自增和自减的前缀和后缀运算的重载函数的唯一区别是前缀 operator++()不含有形参，而后缀 operator++(int)含有一个 int 型形参类型名，而这个 int 仅仅用于区别前缀和后缀，并没有其他作用。

◆ 输入流和输出流运算符只能使用全局重载定义（istream &operator>>(istream &, 类名 &){}和 ostream &operator<<(ostream &, const 类名 &){}）。

◆ 在 C++中，可以采用友元函数来解决重载函数不能访问类的私有数据成员的问题。也就是说，如果要允许其全局重载定义直接访问一个类的实参对象的私有成员，则应把这个全局重载定义声明为该类的友元。

以+运算符重载为例，+运算涉及 3 个对象（两个操作数和一个结果），而+=运算只涉及两个对象，并且为了不因访问而改变参加运算的操作数，一般需要以 const 方式获取操作数。综上，对+运算符的重载可以通过调用+=运算符重载函数来完成。

例1：全局重载定义

```cpp
#include <iostream>
using namespace std;
class myComplex   //复数类
  { public:
        myComplex(){real=0;  imag=0; }
        myComplex(double re,double im)
          {   real=re;  imag=im;
              if(imag>0) cout<<"复数"<<real<<"+"<<imag<<"i    ";
              else cout<<"复数"<<real<<imag<<"i    ";
          }
          //========================================================
        friend myComplex operator+=(myComplex,const myComplex);
        friend myComplex operator+(const myComplex,const myComplex);
        void showSum();
    private:
      double real, imag;
 };
void myComplex::showSum()
  {   cout<<"\n 复数和运算结果为: "<<real;
      if(imag>0) cout<<"+";
      if(imag!=0) cout<<imag<<"i"<<endl;
  }
//==================================================
myComplex operator+=(myComplex c1,const myComplex c2)
   {   c1.real+=c2.real;
       c1.imag+=c2.imag;
       return c1;
   }
myComplex operator+(const myComplex c1,const myComplex c2)
   {  myComplex c=c1;
      return c+=c2;
    }
void main(void)
  {   double x1,y1,x2,y2;
      cout<<"请分别输入两个复数的实部和虚部: "<<endl;
      cin>>x1>>y1>>x2>>y2;
        myComplex com1(x1,y1),com2(x2,y2),sum;
```

◇ 运行结果

```
C:\Windows\system32\cmd.exe
请分别输入两个复数的实部和虚部:
10 20 30 -40
复数10+20i    复数30-40i
复数和运算结果为: 40-20i
请按任意键继续. . .
```

```
            sum=com1+com2;
            sum.showSum();
  }
例 2: 成员函数重载定义
#include <iostream>
using namespace std;
class myComplex   //复数类
  { public:
        myComplex(){real=0;  imag=0; }
        myComplex(double re,double im)
            {   real=re;  imag=im;
                if(imag>0) cout<<"复数"<<real<<"+"<<imag<<"i    ";
                else cout<<"复数"<<real<<imag<<"i    ";
             }
        myComplex(double re,double im,char c)
            { real=re;  imag=im;    }
            //====================================
        myComplex operator+=(const myComplex);
        myComplex operator+(const myComplex);
        void showSum();
    private:
        double real, imag;
 };
void myComplex::showSum()
  { cout<<"\n复数和运算结果为: "<<real;
    if(imag>0) cout<<"+";
    if(imag!=0) cout<<imag<<"i"<<endl;
  }
//====================================================
myComplex myComplex::operator+=(const myComplex c2)
  {  real+=c2.real;
     imag+=c2.imag;
     return *this;
  }
myComplex myComplex::operator+(const myComplex c1)
  {  myComplex c(real, imag,'n');
     c+=c1;
     return c;
  }
```

```
void main(void)
{    double x1,y1,x2,y2;
     cout<<"请分别输入两个复数的实部和虚部: "<<endl;
   cin>>x1>>y1>>x2>>y2;
     myComplex com1(x1,y1),com2(x2,y2),sum;
     sum=com1+com2;
     sum.showSum();
}
```

★ ★

9.3.6 函数模板

在程序设计中，如果一个代码段会被使用多次，并在使用过程中只有处理的数据类型不同时，则可以使用函数模板创建一个可以处理不同类型数据的通用型函数。

【案例 9.6】 由屏幕输出数组元素的通用型函数。

◇ **问题背景**

利用函数模板编写一个屏幕输出数组元素的通用型函数，并要求该函数能够根据数据类型自动调整输出格式。

◇ **数据结构与算法**

规划数据结构如下：

① 定义函数模板（参见 template <typename T> void printArray(const T *arrP, const int n){……}，其中 typeid(arrP[i])!=typeid(char) 用于判定数据类型）。

② 定义 4 个 int 型符号常量 aN、bN、cN 和 dN，分别用于表示数组长度。

③ 分别定义 int、double、char 和 string 型一维数组，用于存放测试数据。

设计算法如下：

通过实例化函数模板，由屏幕输出数组元素（参见 printArray(arrA,aN); 等）。

◇ **编程实现**

```
//9.6 屏幕输出数组元素的通用函数
#include <iostream>
#include <string>
using namespace std;
//===========================================================
template <typename T>
void printArray(const T *arrP, const int n)
{  int i=0;
   for ( ;i<n-1;i++)
     { cout<<arrP[i];
```

填空练习

```
        if(typeid(arrP[i])!=typeid(char))
        cout<<", ";
    }
    if(typeid(arrP[i])!=typeid(char))
        cout<<arrP[i]<<endl;
    else
        cout<<endl;
}


void main(void)
{   //==========================
    const int aN=10, bN=6, cN=29,dN=2;
    //==========================
    int arrA[aN]={1,2,3,4,5,6,7,8,9,10};
    double arrB[bN]={1.1, 2.2, 3.3, 4.4, 5.5, 6.6};
    char arrC[cN]="Microsoft Visual Studio 2010";
    string arrD[cN]={"Class Template","Function Template"};
    cout << "int 数组 a: ";
    //==============================
    printArray(arrA,aN);
    cout << "double 数组 b: ";
    printArray(arrB,bN);
    cout << "char 数组 c: ";
    printArray(arrC,cN);
    cout << "string 数组 d: ";
    printArray(arrD,dN);
}
```

◇ 运行结果

```
int数组a: 1, 2, 3, 4, 5, 6, 7, 8, 9, 10
double数组b: 1.1, 2.2, 3.3, 4.4, 5.5, 6.6
char数组c: Microsoft Visual Studio 2010
string数组d: Class Template, Function Template
请按任意键继续. . .
```

──■ ★语法知识与编程技巧★ ■──

函数模板

代码复用以该代码具有通用性为前提，而具有通用性的代码不会受到数据类型的影响，可用于解决无法预先确定数据类型的问题。如果引入模板机制，将数据类型参数化，可以直接支持通用型程序设计。函数模板有一个或多个类型形参,并通过提供具体类型实参来生成一个具体的函数。

1. 函数模板的定义方法

一般语法格式如下：

```
template <类型参数名 1 标识符 1,类型参数名 2 标识符 2,……>
函数返回值类型名 函数名(形参表)
{
    //通用函数体
}
```

其中：

① 尖括号里面为类型参数表，并以逗号间隔。

② 类型参数名可以是模板类型参数，也可以是非模板类型参数。

a．如果是模板类型参数，使用关键字 typename 或 class，它表示后面的标识符是一个模板类型参数（可以是系统内置的或用户自定义的数据类型，俗称占位参数）。当模板被实例化时，它将被实际的数据类型所替换。

b．如果是非模板类型参数，即由一个普通的参数声明构成，例如"int n"，它代表了一个潜在的值。当模板被实例化时，它将被一个常量替代。

说明：

◆ 尽管在函数模板定义中，关键字 typename 和 class 均可使用并具有同样的含义，但因 class 容易与类关键字混淆，一般规范的编程风格是使用 typename。

◆ 模板类型参数的标识符不能与通用函数体中定义的对象或类型同名。

2．函数模板的实例化方法

模板本身并不会产生实质性的代码，只有当函数调用并给出一个（或一组）实际数据类型（或值）时，编译系统才会产生有一套实质性的代码（构造出一个具体的函数），而这套代码称为模板函数。

一般语法格式如下：

函数名<数据类型>(实参表)；　//模板参数类型为指定的数据类型

或　函数名(实参表)；　//编译系统将会根据实参类型自动选择模板参数的类型模

函数模板很好地体现了重载的关系。因为通过一个函数模板可以产生无数个模板函数，而这些模板函数之间就是一种重载关系（不同数据类型、同一演算过程的函数）。与此同时，不同的函数模板构成的模板函数也能够形成函数重载。

说明：

◆ 函数调用如果没有给出类型，系统将会根据实参类型自动选择模板参数的类型，选择以后就会有相应的计算逻辑。

◆ 如果显式地指定了数据类型，模板参数类型就是指定的数据类型。

◆ 如果传入的类型与指定的类型不相同，则先转化为指定类型后再调用模板函数。

```
例1：  #include <iostream>
        using namespace std;
        template <typename T,typename T1>  //声明函数模板
        T max(const T1 x,const T1 y)        //定义函数体
        {  return x>y?x:y;  }
        void main(void)
        {  int a,b,c;   char aa,bb,cc;
           cin>>a>>b;     cout<<max(a,b)<<endl;     //如由键盘输入 23 34，输出为 34
           cin>>aa>>bb;  cout<<max(aa,bb)<<endl;   //如由键盘输入 a c，输出为 c
           cout<<max<int>('a','c')<<endl;          //显式地指定参数 T 类型为 int，所以输出为 99
        }
```

9.3.7　类模板

在程序设计中，如果一个自定义的类类型会被多次使用，并且在使用过程中只有数据情况不同时，通常会用到类模板。

【案例 9.7】　一个参数化的链表。

◇ **问题背景**

构建一个参数化的链表，支持存储基本数据类型的数据。该链表的每个结点由一个数据域和一个指针域组成。使用一个头指针（head）指向链表首部第一个结点（头结点），链表尾部最后一个结点（尾结点）的指针域为 NULL，且该链表支持首部插入操作。

◇ **数据结构与算法**

规划数据结构如下：

① 定义一个链表类模板（参见 `template <class myType> class myLink{}`）。

a. 基本属性（数据成员）有：

```
私有成员：myNode *head;
        struct myNode{};        //其中结点信息用指针类型，参见 myType *p;
```

b. 基本行为（函数成员）有：

```
公有成员：myLink();                   //构造函数，构造一个空的线性表
        void myInsert(myType&) ;    //插入结点，在链表头插入新结点，使每个新结点都是链表的第一个结点
        void myDelete(myType&);     //删除结点
        myType *mySearch(myType&);  //查询关键字
        void myPrintLink();         //输出链表信息
        ~myLink();                  //析构函数
```

② 通过条件编译，可以使用 char 型、int 型和 double 型三种实际数据类型完成类模板的实例化，创建对象 testLink。

③ 定义 1 个 char 型变量 response，用于获取用户的响应（即键盘输入的数据）。

设计算法如下：

通过对象 testLink 的访问（例如 `testLink.myPrintLink();`）。

◇ **编程实现**

```
//9.7 一个参数化的链表
#include <iostream>
using namespace std;
//===============================
template <class myType>
class myLink
{ public:
    myLink();
    void myInsert(myType&) ;
    void myDelete(myType&);
```

```
        {   q=pp->next;
            pp->next=q->next;
            break;
        }
    }
    if(q)
```

```cpp
        myType *mySearch(myType&) ;
        void myPrintLink();
        ~myLink();
    private:
        struct myNode
        {    myNode *next;
             myType *p;
        };
        myNode *head;
};
//===============================
template<class myType>
myLink<myType>::myLink()
{    head=0;  }
//===============================
template<class myType>
void myLink<myType>::myInsert(myType &t)
{    myNode *temp=new myNode;
     temp->p=&t;
     temp->next=head;
     head=temp;
}
//===============================
template<class myType>
void myLink<myType>::myDelete(myType &t)
{    myNode *q=0;
     if(*(head->p)==t)
     {    q=head;
          head=head->next;
     }
     else
     {    for(myNode *pp=head;pp->next;pp=pp->next)
          if(*(pp->next->p)==t)
//#define x2
//#define x3
//===============================
#ifdef x1
        myLink<char> testLink;
        char b, *pa;
        for(int i=1;i<10;i++)
        { testLink.myInsert(*new char(i+64));}
    #endif
```

```cpp
        {    delete q->p;
             delete q;
        }
}
//===============================
template<class myType>
myType* myLink<myType>::mySearch(myType &t)
{    for(myNode *pp=head;pp;pp=pp->next)
         if(*(pp->p)==t)
             return pp->p;
     return 0;
}
//===============================
template<class myType>
void myLink<myType>::myPrintLink()
{   cout<<"链表: ";
    for(myNode *pp=head;pp;pp=pp->next)
       {  cout<<"→"<<*(pp->p);    }
    cout<<endl;
}
//===============================
template<class myType>
myLink<myType>::~myLink()
{    myNode* pp;
     while(pp=head)
     {    head=head->next;
          delete pp->p;
          delete pp;
     }
}

void main(void)
{   //======================================
    #define x1
    cin>>response;
    //===============================
    if(response!='Y' && response!='y')goto EXIT;
    //===============================
    while (response=='Y' || response=='y')
       {
           cout<<"请输入要查找和删除的数据:
                  "<<endl;
```

```
//============================          cin>>b;
#ifdef x2                               pa=testLink.mySearch(b);
    myLink<int> testLink;               if(pa)
    int b, *pa;                             {
    for(int i=1;i<10;i++)                   testLink.myDelete(*pa);
        { testLink.myInsert(*new int(i*i));}    testLink.myPrintLink();
#endif                                      }
//============================          else
#ifdef x3                               cout<<"指定查找和删除的数据不存在!
    myLink<double> testLink;            "<<endl;
    double b, *pa;                       cout<<"是否继续查找和删除操作?
    for(int i=1;i<10;i++)                （是，请输入 Y 或 y）";
        { testLink.myInsert(*new double(i+0.5));}   cin>>response;
#endif                                      }
//============================          //============================
testLink.myPrintLink();                 EXIT: cout<<"谢谢使用，再见!"<<endl;
char response;                               }
cout<<"是否需要在链接中查找和删除某个数据?
（是，请输入 Y 或 y）";
```

◇ 运行结果 1: #define x1

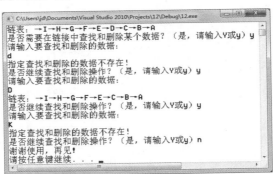

◇ 运行结果 2: #define x3

即将程序中的#define x1 和//#define x3，改为//#define x1 和#define x3。

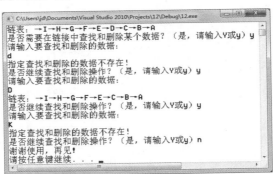

◇ **问题拓展**

利用链表来解决选猴王的问题。m 只猴子要选举猴王，选举方法如下：所有猴子排成一列，从头到尾报数，所报数能被 n 除尽者留下，其余退出；留下者再从尾到头报数，所报数能被 n 除尽者留下，其余退出；按上述规则反复报数，直到剩下不足 n 只猴子时，则此时报 1 者为猴王。

━━━━━━━━━━━━━━━━━━ ★ 语法知识与编程技巧 ★ ━━━━━━━━━━━━━━━━━━

类模板

类模板与函数模板类似，它本身不是类。使用类模板是为类定义一种模式，使得类中的某些数据成员、某些成员函数的参数、某些成员函数的返回值，能取任意类型（包括基本类型、用户自定义类型）。

1．类模板的定义方法

① 一般语法格式如下：

```
template <类型参数名1 标识符1,类型参数名2 标识符2,……>
class 类名
{
    //类成员声明和定义
};
```

其中：

a．括号里面为类型参数表，并以逗号间隔。也可以使用无类型参数。

b．类型参数名：和函数模板的定义相同，分为模板类型参数和非模板类型参数。

✓ 　如果是模板类型参数，使用关键字 typename 或 class，它表示后面的标识符是一个模板类型参数（一般规范的编程风格是使用关键字 class）。当模板被实例化时，它将被实际的数据类型所替换。

✓ 　如果是非模板类型参数，即由一个普通的参数声明构成，例如"int n"，它代表了一个潜在的值。当模板被实例化时，它将被一个常量替代。

② 如果是在类模板以外定义其成员函数，则该成员函数的定义必须是函数模板，即

```
template <类型参数名1 标识符1,类型参数名2 标识符2,……>
返回值类型名 类名<T>::函数名(形参表)
{
    //函数体
}
```

说明：

◆　在类模板体内声明和定义成员与非类模板的一样，而在类模板体外定义成员时必须显式地将其定义为模板。

◆　在程序中，对一个类函数成员只能有一个函数定义。同样地，对于一个类模板函数成员，也只能有一个函数模板定义。

◆　类模板的名字不能重载。也就是说，在同一个作用域里类定义不能出现同名。

2．类模板的实例化方法

模板本身并不会产生有实质性的代码，只有当实例化一个对象并给出一个（或一组）实际数据类型（或值）时，编译系统才会产生一套有实质性的代码（构造出一个具体的类），而这套代码称为模板类。

一般语法格式如下：

类名<类模板实参表> 对象名1,对象名2,……;

说明：

◆　一般来讲，类模板可以从模板类派生，也可以从非模板类派生。而模板类和非模板类均可以从类模板中派生。

◆　目前，VS2010/2011 不支持模板的声明和定义分开写，所以都必须写在同一个.h 文件中。

★ ★

9.4　C++的异常处理机制

在程序运行发生错误时，如果不希望简单地结束程序运行，而是退回到任务的起点或指出错误并继续下一步的工作，那么可以利用 C++的异常处理机制来实现。

【案例 9.8】　加减乘除测试系统。

◇　**问题背景**

通过阅读和上机调试该程序，学习 C++的异常处理机制的使用方法。

要求：执行除法运算时，结果同 C++语言的除运算规则，截取小数部分。

◇　**编程实现**

```
//9.8 加减乘除测试系统
#include <iostream>
#include<ctime>
using namespace std;
char getOper(int n)
{ switch(n)
    { case 0:return '+';
      case 1:return '-';
      case 2:return '*';
      case 3:return '/';
    }
}
const int N=10,M=10;
```

填空练习

```cpp
int main(void)
{ //==============================
  srand(time(NULL));
  cout<<"欢迎使用整数的加减乘除运算测试系统,祝您取得好成绩"<<endl;
  int num1=0,num2=0,myCount=0,j,score=0;
  int useranswer=0,rightanswer=0;
  int operators=0;
  for(int i=1;i<=N;i++)
  { //==============================
    num1=1+rand()%(100-1+1);
    num2=1+rand()%(100-1+1);
    operators=0+rand()%(3-0+1);
    //==============================
    if(num1<num2){num1=num1+num2;num2=num1-num2;num1=num1-num2;}
    //==============================
    switch(operators)
    {
      case 0: rightanswer=num1+num2;
              break;
      case 1: rightanswer=num1-num2;
              break;
      case 2: rightanswer=num1*num2;
              break;
      case 3: rightanswer=num1/num2;
    }
    //==============================
    for(j=1;j<=3;j++)
    {
      cout<<i<<": "<<num1<<getOper(operators)<<num2<<"=";
      //如果输入为非数值数据,如输入字母 a,当判断条件为真,将进行异常处理
      try {   if((cin>>useranswer)==0)
                throw exception("非法数据,"); //使用C++提供的异常类exception抛出一个异常对象
          }
      catch (exception &x) //使用引用型捕获exception抛出的异常
          {   cin.clear();
              cout<<"请输入数值数据,";
              useranswer=cin.get();
          }
```

```
//=============================
if(rightanswer==useranswer)
    {   cout<<"恭喜你，答对了！"<<endl;

        myCount++;

        break;

    }

else

    if(j<=2)

        {  cin.ignore(1);

            cout<<"答案不对，请再次输入"<<endl;

        }

    else

        { cout<<"正确答案为："<<rightanswer<<endl; }

    }

}

score=M*myCount;

cout<<"做对题目数为"<<myCount<<endl;

cout<<"得分为"<<score<<endl;

if(score==100)

    cout<<"哇！你全做对了，你是最棒的！"<<endl;

else if(score<100&&score>=85)

        cout<<"非常棒！"<<endl;

    else if(score<85&&score>=75)

            cout<<"你很棒，继续加油吧！"<<endl;

        else if(score<75)

            cout<<"嗯，这次做得不太理想，以后还得努力哦！"<<endl;

cout<<"谢谢你的参与^-^"<<endl;

return 0;

}
```

◇ 运行结果

```
C:\Windows\system32\cmd.exe
欢迎使用整数的加减乘除运算测试系统,祝您取得好成绩
1：82/1=82
恭喜你，答对了！
2：91×53=190
答案不对，请再次输入
2：91×53=4823
恭喜你，答对了！
3：88/63=2
答案不对，请再次输入
3：88/63=3
答案不对，请再次输入
3：88/63=4
正确答案为：1
4：87×32=278
答案不对，请再次输入
4：87×32=2781
答案不对，请再次输入
4：87×32=2784
恭喜你，答对了！
5：76-10=66
恭喜你，答对了！
6：73-29=43
答案不对，请再次输入
6：73-29=44
恭喜你，答对了！
7：90×31=2790
恭喜你，答对了！
8：43+29=82
答案不对，请再次输入
8：43+29=72
恭喜你，答对了！
9：14+14=28
恭喜你，答对了！
10：65/53=1
恭喜你，答对了！
做对题目数为9
得分为90
非常棒！
谢谢你的参与^-^
请按任意键继续. . .
```

◇ 问题拓展

一元二次方程的根可以根据求根公式 $\dfrac{-b \pm \sqrt{b^2 - 4ac}}{2a}$ 得到，而方程具有实数根的前提是表达式 $b^2 - 4ac$ 必须大于 0。

编程实现：从键盘输入方程的三个参数 a、b、c，然后根据公式求出方程的根；如果表达式 b^2-4ac 小于 0，则抛出异常。

参考程序

对异常的处理方法

基本语法格式如下：

① try-catch 结构：

```
try
    {
        //可能产生异常的代码段
        //即将需要检测的代码段必须放在 try 块中
    }
catch(异常信息类型 [变量名])      //获取异常对象，方括号中的内容为可选项
    {
        //对异常进行处理的语句（代码段）
    }
```

例 1：catch(int){……}

② throw 语句：

throw 表达式； //例如 throw 0; 抛出异常对象

例 2：设 int y=0;

throw y; //抛出 int 类型异常信息

如果需要在捕获异常信息时，还能够利用 throw 抛出的值，可以使用：

catch(int x) {……}

这时，catch 在捕获异常信息 y 的同时，还使 x 得到 y 的一个拷贝，x 的作用域为该语句内。

说明：

◆　catch 子句格式不是函数，圆括号中的变量名为可选项，异常信息类型即变量类型或对象名（在类应用中，要求抛出的必须是对象）。而且，之所以称为 try-catch 结构，是因为它隐含着 catch 子句必须紧跟 try 之后的规定，并且可以是由多个 catch 子句构成的子句列表。

◆　程序按如下规则进行控制：如果在执行 try 块期间，没有异常发生，与 try 匹配的 catch 子句列表被忽略，程序正常执行 catch 子句列表之后的下一条语句；否则，try 块中的语句产生异常时，编译系统将通过查看紧跟其后的 catch 子句列表异常类型是否匹配，来确定可处理该异常的 catch 子句，并转到与异常类型相匹配的子句块中进行异常处理；如果不存在匹配的情况，则中断程序的运行，这是在设计程序时应该避免的。

◆　可以将"throw 表达式"和 catch 子句组合起来使用，并且两者可以在或不在同一个函数中，以及 throw 可以位于 try-catch 结构中。放在 try 程序块中的任何类型的数据对象发生异常，都可以通过 throw 操作创建一个异常对象（或者可能包含一个拷贝函数）。当 throw 抛出异常信息后，首先在本函数中寻找与之匹配的 catch 子句，如果本函数不存在 try-catch 结构或找不到匹配的 catch 子句，则转向其上一层函数中查找，依此类推。也就是说，转到离出现异常最近的 try-catch 结构去处理。

◆　参见案例 9.8，可以使用 C++系统提供的异常类 exception 抛出一个异常对象，并在

catch 子句中使用引用型捕获 exception 抛出的异常。

★ 知 识 拓 展 ★

对常遇到的一种输入流错误的处理

在含有循环 cin 的程序执行过程中，经常会出现 cin 缓存读取失败的问题。一般可以配合使用如下 cin 成员函数来解决：① cin.sync()，清除缓冲区；② cin.clear()，清除 cin 错误状态；③ cin.ignore(int n,char c)，从输入流中提取字符，提取的字符被忽略（被忽略即不被使用，例如 cin.ignore(1);即跳过输入流中一个字符）。

```
例3: #include <iostream>
     using namespace std;
     void main(void)
     {  int n;
        cout<<"请输入数字:";
        while(!(cin>>n))
        {  cin.sync();
           cin.clear();//在这个程序里，sync()和clear()两个成员函数必须一起用，否则达不到目的。
           cout<<"您只能输入数字，请重新输入.\n";
        }
        cout << "您输入的数字是: "<<n<<endl;
     }
```

★ ★

9.5 编程艺术与实战

9.5.1 最值的问题

【案例 9.9】 **最值的问题。**

◇ **问题背景**

在 nXn 整数矩阵中，（1）输出其中的最大值；（2）把行最大值与该行主对角线元素互换，把行最小值与该行的次对角线元素互换，两对角线交点为该行最小值；（3）输出新矩阵数据。

◇ **数据结构与算法**

规划数据结构如下：

① 定义 1 个类 nNumber（参见 class nNumber{}; ）。

a. 基本属性（数据成员）有：

私有成员：int arr[N][N];   //存放原始矩阵数据

b. 基本行为（函数成员）有：

公有成员：void inputInt(int&);   //输入 n*n 个整数

```
        int getMax(int&);          //获得最大的整数
        void diagonal(int&);       //把各行的最值与该行对角线元素互换各行的最值与该行对角线元素互换
        void printInt(int&);       //输出矩阵数据
```

② 定义 1 个 nNumber 类型的对象 uesrNumber。

③ 定义 1 个 int 型变量 n，用于存放数据量。

设计算法如下：

① 由键盘输入整数个数，并存入 n。

② 调用成员函数 inputInt，输入原始矩阵。

③ 调用成员函数 getMax，获得最大值。

④ 调用成员函数 diagonal，实现最值元素与对角线元素的交换。

⑤ 调用成员函数 printInt，输出交换后的矩阵数据。

◇ **编程实现**

```cpp
//9.9 最值的问题
#include <iostream>
#include <iomanip>
using namespace std;
//============================================================
const int N=100;
class nNumber
{   public:
        void inputInt(int&);
        int getMax(int&);
        void diagonal(int&);
        void printInt(int&);
    private:
        int arr[N][N];
};
//==============================
_____inputInt(int &n)
{    int i,j;
    cout<<"请输入"<<n<<"*"<<n <<"个整数: "<<endl;
    for(i=0;i<n;i++)
        for(j=0;j<n;j++)
            cin>>arr[i][j];
}
//==============================
_____getMax(int &n)
```

参考程序

```
{    int i,j,max=arr[0][0];
    for(i=0;i<n;i++)
        for(j=0;j<n;j++)
            if(arr[i][j]>max)
                max=arr[i][j];
    return max;
}
//================================
_____diagonal(int &n)
   {
        int i,j,max,max_col,min,min_col;
     for(i=0;i<n;i++)
        {    max=arr[i][0];
              max_col=0;
               for(j=0;j<n;j++)
                    if(max<arr[i][j])
                       { max=arr[i][j];  max_col=j;}
              if(max_col!=i)
                      { arr[i][max_col]=arr[i][i];
                       arr[i][i]=max;
                      }
                   //=========================
              min=arr[i][0];
              min_col=0;
              for(j=0;j<n;j++)
                     if(min>arr[i][j])
                        { min=arr[i][j];  min_col=j;}
              if(min_col!=n-i-1)
                  { arr[i][min_col]=arr[i][n-i-1];
                     arr[i][n-i-1]= min;
                     }
          }
}
//================================
_____printInt(int &n)
{    int i,j;
    for(i=0;i<n;i++)
          {    for(j=0;j<n;j++)
```

```
                    cout<<setw(4)<<arr[i][j];
                cout<<endl;
            }
        cout<<endl;
}
void main(void)
{    int n;

        _____;

     cout<<"请输入数据量: ";
     cin>>n;
     //========================
     uesrNumber.inputInt(n);
     //========================
     cout<<"最大值为: "<<uesrNumber.getMax(n)<<endl;
     //========================
     uesrNumber.diagonal(n);
     //========================
     cout<<"最值与对角线互换结果: "<< endl;
     uesrNumber. printInt(n);
}
```

9.5.2 查找的问题

【案例9.10】 查找的问题。

◇ **问题背景**

在一组同类型的数据中，查找指定的数据。要求：支持对数值型或字符型数据的操作。

◇ **数据结构与算法**

规划数据结构如下：

① 定义 **1** 个类 **searchUser**（参见 `class searchUser{};`）。

a. 基本属性（数据成员）有：

私有成员: T A[AN]; //定义一个模板参数类型的数组，是模板类型的操作对象

        int n;

b. 基本行为（函数成员）有：

公有成员: searchUser(); //构造函数，用一个数组的值实例化类模板参数类型的数组

        searchUser(T [], int); //带参数的构造函数

        int lookByHalf(T [], int, int, T); //折半查找指定元素

        int lookOrder(T [], T,int); //顺序查找指定元素

        void printUser(); //输出数组数据

② 定义 **2** 个 **int** 型符号常量 **AN** 和 **N**，分别用于表示数组长度。

③ 定义 1 个 char 型数组 str，用于存放原始文本数据。

④ 定义 1 个 int 型数组 num，用于存放原始数值数据。

⑤ 定义 1 个 nNumber 类型的对象 charS。

⑥ 定义 1 个 nNumber 类型的对象 intS。

设计算法如下：

① 初始化 str 和 num 数组。

② 类模板以 char 型数据实例化生成一个类，定义一个对象 charS，并调用函数成员 printUser 完成输出。

③ 类模板以 int 型数据实例化生成一个类，定义一个对象 intS，并调用函数成员 printUser 完成输出。

④ 由键盘输入待查找的元素，存入 d（或 e）中。

⑤ 调用成员函数 lookOrder（或 lookByHalf）进行顺序（或折半）查找，并输出返回的查找结果。

◇ **编程实现**

```
//9.10 查找的问题
#include <iostream>
using namespace std;
//=========================
const int AN=100;
//====================================================
template <class T>
class searchUser
{ public:
    searchUser(){}
    searchUser(T [],int );
    void lookByHalf(T [],int ,int ,T );
    void lookOrder(T [],T ,int );
    void printUser();
  private:
    T A[AN];      //=======================
    int n;
};
//=========================

_____
_____searchUser(T a[],int i)
{    n=i;
    for(int j=0;j<i;j++)
```

```
                A[j]=a[j];
    }
//=========================

_____
_____lookByHalf(T a[],int top,int bottom,T x)
{    int pos;
    if(top>bottom)
        cout<<endl<<"不存在"<<x<<endl;
    else
    {    pos=(top+ bottom)/2;
        if(x==a[pos])
            return pos;
        else if(x<a[pos])
                return (lookByHalf(a,top, pos-1,x));
            else
                return (lookByHalf(a,pos+1,bottom,x));
    }
}
//=========================

_____
_____lookOrder(T a[],T x,int len)
{
    int pos=0;
    while(pos<len && a[pos]!=x) pos++;
    if(pos>=len)
        cout<<endl<<"不存在"<<x<<endl;
    else
        cout<<pos+1<<endl;
}
//=========================

_____
_____ printUser ( )
{    int i;
    for (i=0;i<n;i++)
    {    cout<<A[i];
        if(typeid(A[i])!=typeid(char))
            cout<<"   ";
```

```
        }
    cout<<endl;
}


void main(void)
{   //==========================
    const int N=10;
    char str[]="class-template-instance-generates-a-class",d;
    int num[N]={ 11,16,8,47,125,138,233,288,335,400},e;
    _____;
    _____;
    //==========================
    cout<<"原字符序列:";
    charS.printUser();
    cout<<"请输入要查找的字符:";
    cin>>d;
    cout<<d<<"在原序列中的位置是: ";
        charS.lookOrder(str,d,strlen(str));
    //==========================
    cout<<"原数据序列:";
    intS.printUser();
    cout<<"请输入要查找的数:";
    cin>>e;
    cout<<e<<"在原序列中的位置是: ";
    cout<<intS.lookByHalf(num,0,N,e)+1<<endl;
}
```

◇ 运行结果

```
C:\Windows\system32\cmd.exe
原字符序列:class-template-instance-generates-a-class
请输入要查找的字符:n
n在原序列中的位置是: 17
原数据序列:2  9  10  99  155  166  233  288  335  400
请输入要查找的数:335
335在原序列中的位置是: 9
请按任意键继续. . .
```

9.5.3 链表的问题

【案例 9.11】 链表的问题。

◇ 问题背景

通过在表头插入元素构建一个单向链表，并输出链表内容，定义和测试清空链表的行为。

◇ 思路分析

对比案例 8.5 "链表的使用"，利用构造函数可以避免遗漏对链表的初始化，利用析构函数可以防止产生"野指针"。

◇ 数据结构与算法

规划数据结构如下：

① 定义数据类型 nodeType （参见 typedef int nodeType;）。

② 定义单链表结点类型（参见 struct node{};）。

③ 定义 1 个类 myList（参见 class myList{};）。

a．基本属性（数据成员）有：

私有成员：node * pNode;

b．基本行为（函数成员）有：

公有成员：myList( );　　　//初始化线性表，单链表的表头指针为空

~myList();　　　//析构函数，释放动态存储空间

void insertHead(nodeType); //向单链表的表头插入一个结点

void insertTail(nodeType); //向单链表的表尾插入一个结点

void deleteNode(nodeType);　//删除单链表中的指定结点

void printList( );　//打印链表，链表的遍历

④ 定义 1 个 int 变量 x，用于存放由键盘输入的删除结点数值。

⑤ 定义 1 个 myList 类型的对象 list1。

设计算法如下：

① 初始化对象 list1。

② 调用函数成员 insertHead 将指定数据插入链表，并调用函数成员 printList 输出链表。

③ 由键盘输入删除结点数值，存入 x 中，然后调用函数成员 deleteNode 删除链表中所有数据域的数值为 x 的结点，并调用函数成员 printList 输出链表。

◇ **编程实现**

```
//9.11 链表的问题
#include <iostream>
using namespace std;
typedef int nodeType ;
struct node
{    nodeType nData;
     node *next;
};
class myList
{   public:
         myList();
         ~myList();
        void insertHead(nodeType);
        void insertTail(nodeType);
        void deleteNode(nodeType);
        void printList( );
    private:
        node * pHead;
```

参考程序

— 141 —

```
};
//===============================
myList::myList( )
{     pHead=_____;
      if(pHead!=0)
          {  pHead->next = NULL;
              cout<<"构造函数，初始化链表成功!"<<endl;  }
      else
          {  cout<<"构造函数，初始化失败。"<<endl;
              exit(1);   }
}
//===============================

myList:: ~myList()
{     if(NULL == pHead)
          cout<<"析构函数，链表未初始化! "<<endl;
      if(NULL == pHead->next)
          cout<<"析构函数，链表为空!"<<endl;
      node *it=NULL;
      while(pHead->next != NULL)
        {   it = pHead->next;
            delete pHead;
             pHead =it;
         }
      delete pHead;
      pHead=NULL;
      cout<<"析构函数，链表清除成功!"<<endl;

}
//===============================
void myList::insertHead(nodeType insertData)
{     node *pInsert;
      pInsert=new node;
      //========================
      if(NULL!=pInsert)
      {     pInsert->nData=insertData;
            _____ = pHead->next;
            pHead->next = pInsert;
            cout<<"向表头插入结点"<<insertData<<"成功!"<<endl;
```

```cpp
            }
        else
            cout<<"向表头插入结点失败!"<<endl;
    }
//===============================
void myList::insertTail(nodeType insertData)
{    node *pInsert=new node;
    if(pInsert!=NULL)
      {  pInsert->nData= insertData;
         pInsert->next=NULL;
         node *it= pHead;
         while(it->next != NULL)
            {  it = it->next;    }
         it->next=pInsert;
         cout<<"向表尾插入结点"<<insertData<<"成功!"<<endl;
      }
    else
        cout<<"向表头插入结点失败!"<<endl;
}
//===============================
void myList::deleteNode(nodeType delData)
{   node *it= pHead;
    while(it->next != NULL)
        { if(it->next->nData== delData)
            { node *ptem=it->next->next;
              delete it->next;
              it->next=ptem;
            }
          else
            it = it->next;
        }
}
//===============================
void myList::printList( )
{    if(NULL == pHead->next)
        cout<<"链表为空!"<<endl;
```

```cpp
        else
        { cout<<"链表内容为："<<endl;

            node *it = pHead->next

            while(NULL != it)
                { cout<<it->nData<<"\t";
                    it=it->next;

                }
            cout<<endl;

        }
}


void main(void)
{   //========================
    int x;

    _____;

    list1.printList();
    //========================
    for(int i=5;i<10;i++)
        { list1.insertHead(i*10);
            list1.insertTail(i*100);
        }
    list1.printList( );
    cout<<"请输入要删除结点数值"<<endl;
    cin>>x;
    list1.deleteNode(x);
    list1.printList( );
}
```

◇ 运行结果

```
C:\Windows\system32\cmd.exe
构造函数，初始化链表成功！
链表为空！
向表头插入结点50成功！
向表尾插入结点500成功！
向表头插入结点60成功！
向表尾插入结点600成功！
向表头插入结点70成功！
向表尾插入结点700成功！
向表头插入结点80成功！
向表尾插入结点800成功！
向表头插入结点90成功！
向表尾插入结点900成功！
链表内容为：
90    80    70    60    50    500    600    700    800    900
请输入要删除结点的数值
500
链表内容为：
90    80    70    60    50    600    700    800    900
析构函数，链表清除成功！
请按任意键继续. . .
```

本章小结

本章练习

    C++语言（C Plus Plus，CPP）是美国 Bell 实验室在 C 语言的基础上开发出来的，1998年发布了 C++标准第一版。C++语言在保留了 C 语言全部优点的基础上，增加了面向对象机制。它支持过程化程序设计、面向对象程序设计、泛型程序设计等多种程序设计风格，成为一种混合型面向对象程序设计语言，通常称作 ANSI/ISO C++。目前常用版本有 C++11 标准和 C++14 标准。

    面向过程的程序设计方法是按照事情发展的先后顺序来编制程序的一种方法。当过程的某一个条件发生改变时，可能需要对整个程序进行修改，这样给程序的复用带来了很大的麻烦。面向对象程序设计模拟自然界认识和处理事物的方法，将数据和对数据的操作方法放在一起形成对象，由对象抽象出共性形成类。一个类中的数据通常只能通过本类提供的方法进行处理，这些方法成为该类与外部的接口。对象之间通过消息进行通信。而使用面向对象程序设计方法设计的程序易于修改和复用，当情况发生改变时，只需要修改相应的属性或成员函数即可。

  C++作为一种面向对象的程序设计语言，通过新数据类型"类"和"对象"以及抽象性、封装性、继承性和多态性等基本特征，实现了软件重用和程序自动生成，使得大型复杂软件的构造和维护变得更加有效和容易。

  使用面向对象程序设计方法解决实际问题，先要进行抽象，确定需要哪些类，各类有哪些数据以及操作数据的一组函数，各类的成员如何交互访问和继承等。而实例化类可以构造有属性和行为的对象。

  封装就是通过创建类来实现的。类的成员（包括数据和函数）可以被声明为公有、保护或私有。而对类中成员的访问，可以是类访问（也称为内部访问），是指类中的成员相互间进行的访问；也可以是对象访问（也称为外部访问），是指由类的对象在类外对类的成员进行的访问。内部访问及友元函数可以直接访问类中所有成员，而外部访问只能利用点运算符"."访问类的公有成员。

  在 C++中，如果定义了一个空类，在需要的时候，系统默认会生成如下函数：默认构造函数、默认析构函数、默认拷贝构造函数、默认赋值运算符函数以及默认取址运算符（ T* operator&(); 和 const T* operator&()const; ）。这些函数都是 inline 和 public 的。而如果为非空类，则系统默认会生成上述函数的前提是：在类体内，没有显式地提供这些函数中的任意一个。

  继承是面向对象程序设计的重要特征之一。继承能够从一个类派生出另一个类，前者称为基类或父类，后者称为派生类或子类。派生类能够继承基类的成员，并可以改变（或覆盖）所继承的成员，以及增加新成员。因此，通过类继承，可以复用基类的代码，也可以在继承类中为基类成员函数赋予新的意义以及产生新的行为，实现最大限度的代码复用。同时，派生可以从一个基类派生，称为单继承；也可以从多个基类派生，称为多继承。派生类也可以再派生出新类，称为多级继承。

  多态性是指有继承关系的不同类的对象，能够对同一消息做出不同的响应，也可简单概括为"一个接口，多种方法"。多态性的实现可分为静态多态性和动态多态性。静态多态性也称为编译时的多态性，主要通过函数重载和运算符重载实现。其中，函数重载是指同一个函数名可以对应着多个函数的实现，具体调用哪个由参数个数、参数类型等来决定。而运算符重载就是赋予已有的运算符多重含义。动态多态性也称为运行时的多态性，主要通过继承和虚函数实现（限于篇幅，关于虚函数的内容不在本教材学习范围）。

  利用面向对象的技术编写应用程序，可以使应用程序代码更简洁、可读性更好，且更易于扩展和维护。

[提高篇——GP]

　　泛型程序设计（Generic Programming，GP）的基本思想是将算法从具体数据结构中抽象出来，以通用算法作用于各种不同的数据结构。与面向对象程序设计中的多态一样，泛型也是一种软件的复用技术，而模板则是泛型程序设计的主要工具。

　　泛型程序设计的代表作品 STL 是一种高效、泛型、可交互操作的软件组件。本篇 GP 的预期教学目标是使学习者能够很好地理解和掌握"什么时候使用"和"怎样使用"STL 程序设计技能来编程解决实际问题。

　　而要达到学有所获，学习者就需要多动手实践。

第 10 章　STL 程序设计

　　通过前面篇章的学习不难发现，群体数据结构数量并不很多，但存在经典算法代码复杂且工作量大，还存在动态存储分配容易发生内存泄漏等问题。对此是否可以从简编程呢？答案是确定的：采用 STL 程序设计。

　　STL 是在新版 C++的 **sdt** 命名空间中定义的一个标准模板库的简称。有效地使用 STL 编程，可以节省大量时间和精力，并且得到更高质量的程序。

本章预期学习成果：

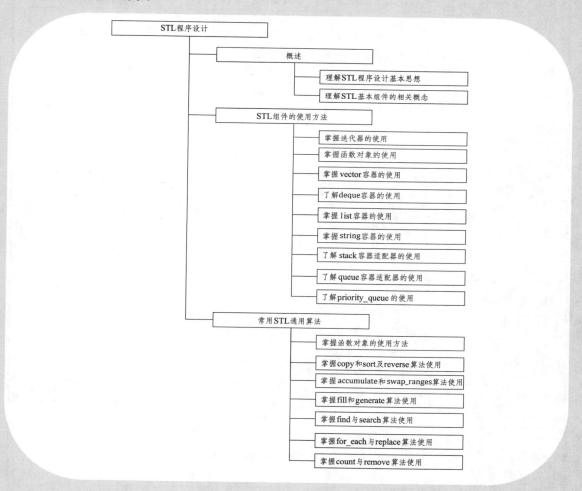

本章案例索引：

10.1 概　述

STL（**Standard Template Library**，标准模板库，也称为泛型库）是新版 C++标准库中的一个子集（参见图 **10.1**），它被包含在 C++编译器中，所以无须再进行额外安装。

STL 的设计目标是将通用算法和通用容器结合以提升软件的复用性，它是建立在 C++模板机制上的泛型程序设计思想的实现。

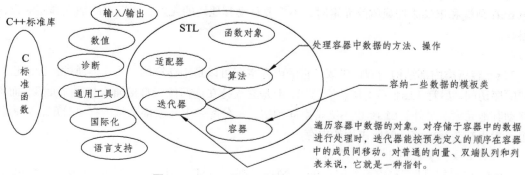

图 10.1　STL 是 C++标准库中的一个子集

构成 STL 的基本组件包括：容器（containers）、迭代器（iterators）、算法（algorithms）、适配器（adaptors，也称为配接器）、函数对象（functors object，也称仿函数）。当需要使用某个组件时，就在程序中预定义相应的头文件。

1. 容　器

在 C++中，模板是最强大的代码复用机制。STL 容器就是一种存储 T（Template）类型值的有限集合的数据结构。也就是说，容器的元素类型可以是 int、double 等基本类型，也可以是结构体、类等用户自定义类型。可以说，容器是模板的经典用法，使用灵活。

STL 的常用容器包括：顺序性容器、容器适配器、关联容器。这些容器分别分别被组织在头文件<vector>、<deque>、<list>、<string>、<set>、<map>、<stack>和<queue>中。通常，又将顺序容器和关联容器统称为第一类容器，其余容器称为近容器（因为它们只提供部分类似功能）。应用中选择某个问题的最适合容器能够提高性能和减少内存需求。

（1）顺序容器

当编程需要处理的数据是一系列元素的有序集合时（指位置上的有序），可以将它们构造为顺序容器。

① vector（向量，也称为矢量），头文件<vector>。

vector 容器类内部结构为数组，即用数组的类模板实现。vector 是一个动态数组。一方面它同一般数组一样是在内存中占用连续的存储空间，并且起始地址不变，以及可以使用下标（即[ ]）随机访问任意元素（从 0 开始计数）；另一方面它允许在末端扩张元素，以及可以动态地调整存储空间。而动态地调整存储空间是指当 vector 的内存用尽时，它将自动重新申请一块足够大的内存并进行内存的拷贝，将原有元素赋值到新的内存区，然后释放旧的内存区（即原有元素的存放区域）。当然，这也会带来负面的影响，即伴随时间消耗的增长，将会降低 vector 的效率。

② deque（双队列），头文件<deque>。

deque 容器类与 vector 非常相似。它也采用动态数组来管理元素，使用下标（即[]）访问任意元素，并且有着和 vector 几乎一样的接口。不同的是，它的动态数组顶端和末端都是开放的，因此，可以在头尾两端（顶端和末端）进行快速插入与删除。

由于 deque 可以采用多个内存区块（即不连续的存储空间）存放元素，而 vector 只能采用一个内存区块（即连续的存储空间）来存放元素，所以 deque 可以保存的元素量通常比 vector 大；而由于 deque 也因此需要内部处理堆跳转，所以随机访问速度要比 vector 慢。同时，由于 deque 在顶端和末端添加或删除元素时，不需要移动其他块的元素，所以它的插入和删除操作性能很高。

③ list（列表），头文件<list>。

list 容器类内部结构为双向链表。它的内存空间可以是不连续的，并且是通过指针来进行数据的顺序访问。尽管 list 不支持随机访问，但是它支持在任何位置直接插入与删除元素，而不需要移动其他元素。另外，List 也不支持空间预留，每分配一个元素都会从内存中分配，而每删除一个元素也都会释放该元素所占用的内存。

④ string（字符串），头文件<string>。

string 容器类即字符串类，它提供了添加、删除、查找、比较等丰富的方法。string 是在内存的堆中分配的，所以串的长度可以很大；而 char[]（即字符数组）是在内存的栈中分配的，其长度受到可使用的最大栈长度限制。所以，通常在需要处理的串长度不可预知或是变化很大的情况下，会使用 string。

（2）容器适配器

容器适配器就是指它并不独立而是需要依附在一个顺序容器上，就像在一个仪器上加了一个适配器增加了某些功能一样。容器适配器缺省情况是用 deque 实现，即它是在 deque 的基础上封装的，它并不直接维护被控序列的模板类，而是通过它存储的容器对象来为它实现所有的功能。容器适配器的接口更为简单，只是受限比一般容器要多。

① stack（栈），头文件<stack>。

stack 容器类是限定仅在一端进行插入和删除操作的容器，用以实现后进先出（LIFO）的功能，即栈存储和删除元素的顺序与元素到达的顺序相反。可以把 stack 看作某种特殊的 vctor、deque 或者 list 容器来使用，只是其操作仍然受到 stack 本身属性的限制。

② queue（队列），头文件<queue>。

queue 容器类是限定仅在一端（称为队尾）进行插入和在另一端（称为队首）进行删除操作的容器，用以实现先进先出(FIFO)的功能，即队存储和删除元素的顺序与元素到达的顺序相同。可以把 queue 看作某种特殊的 vctor、deque 或者 list 容器来使用，只是其操作仍然受到 queue 本身属性的限制。

③ priority_queue（优先级队），头文件<queue>。

priority_queue 容器类实现按优先级顺序出列的功能。元素插入是自动按优先级插入，使最高优先级元素首先从优先级队列中取出。可以把 priority_queue 看作某种特殊的 vctor、deque 或者 list 容器来使用，只是其操作仍然受到 priority_queue 本身属性的限制。

（3）关联容器

使用关联容器，能够通过关键字直接访问。构造关联容器的主要目的就是快速检索。简单地讲，通常关联容器的内部结构都是以平衡二叉树实现，并且在这棵树内部的所有数据将根据特定的准则和以 key（关键字，也称键值）来自动排序，以及通过指针来访问数据。但限于篇幅，树型结构不在本教材学习范围内。

① set 和 multiset（集合和多重集合），头文件<set>。

set 和 multiset 容器类的元素由 key（键值）构成，支持交、差、对称差和并等一些集合上的操作。两者的区别是：set 不允许元素重复，而 multiset 允许重复。set 默认情况下会对元素进行升序排列。所以，在集合中，不能直接改变元素值，因为那样会打乱原本正确的顺序，要改变元素值必须先删除旧元素，再插入新元素；也不提供直接存取元素的任何操作函数，只能通过迭代器进行间接存取。

② map 和 multimap（映射和多重映射），头文件<map>。

map 和 multimap 容器类的元素由 key/value pair（键值/实值对）构成。两者的区别是：map 是一对一映射，所以不允许重复元素，即只允许存储映射值一一对应的单一关键字；而 multimap 支持一对多映射，所以允许存储与映射值相关联的重复关键字。

2．迭代器

为了有助于理解，不妨把迭代器（也称迭代子）看成是面向容器对象（一个指向容器中元素）的"指针"，它提供了访问容器或序列中每个对象的方法。换句话说，在 C++中，传统的方式是使用指针访问数组元素，而 STL 方式则是通过迭代器对象遍历容器中每个元素。例如，对迭代器使用"++"运算符总是返回容器下一个元素的迭代器（即容器中的后继元素）；"*"运算总是代表迭代器指向的容器元素（所以也常称*为复引用运算符）。在 STL 中，迭代器将容器和算法连在了一起。

迭代器部分主要由头文件<iterator>、<utility>和<memory>组成。其中，<iterator>中提供了迭代器使用的许多方法；<utility>包括了贯穿使用在 STL 中的几个模板的声明；而<memory>中的主要部分是模板类 allocator，它负责产生所有容器中的默认分配器。

STL 中不使用 new 和 delete，而是使用分配器分配和释放存储空间。并且 STL 提供的默认分配器可以满足大多数应用程序的要求。限于篇幅，关于用户自定义分配器的内容不在本书教材学习范围内。

3．通用算法

STL 最大的优点是提供有能够在各种容器中通用的算法。这些算法表现为一系列的函数模板，它们是 STL 中最类似于传统函数库的部分。虽然所有的容器都自身通过成员函数提供有一些基本操作，但是通用算法支持更广泛和更复杂的操作，例如对容器内容排序、复制、检索和合并等，极大地提升了编程效率。

STL 通用算法实现与具体容器无关，并且是通过迭代器间接操作容器的元素。也就是说，通用算法可以用于多个不同的容器，所以也称为泛型算法。

STL 通用算法部分主要由头文件<algorithm>、<numeric>和<functional>组成，包括 70 多个算法。其中，<algorithm>包含了复制（copy）、赋值（fill 或 generate）、合并（merge）、移除（remove）、替代（replace）、翻转（reverse）、排序（sort）、交换（swap）、查找（find）、

统计（count）等几十个经典算法，<numeric>只包括加法和乘法在序列上的一些操作，<functional>则定义了一些模板类，用以定义函数对象。

4. 函数对象

在传统设计中，经常采用"引用"来代替指针作为函数的参数或返回值。在 STL 通用算法中，类似地采用"函数对象"来代替函数指针。函数对象又称为仿函数，它就是一个重载了调用运算符"()"的类类型的对象。函数对象主要作为泛型算法的实参使用，用于改变缺省操作，从而使算法的功能得以扩展。

5. 适配器

STL 的适配器是用来修改其他组件接口的 STL 组件，是带有一个参数的类模板（这个参数是操作的值的数据类型）。STL 定义了三种形式的适配器：容器适配器、迭代器适配器和函数适配器。

其中，迭代器适配器扩展了迭代器的功能。例如，反向迭代器（也称逆向迭代器，即从后向前遍历元素）和插入迭代器（参见 **10.3.1** 节语法知识与编程技巧中"关于三种迭代器适配器"）都属于迭代器适配器。而函数适配器是通过转换或者修改其他函数对象使其功能得到扩展。

10.2　STL 组件的使用方法

10.2.1　迭代器

迭代器与指针有许多相似之处，它用于访问序列。而这些序列可以是第一类容器的元素，也可以是输入序列或输出序列。

【案例 10.1-1】　求最大数。

◇ **问题背景**

通过编写输入两个数以及输出其中大值的程序。而学习迭代器的使用方法。

◇ **思路分析**

迭代器指向的序列，可以是在第一类容器中的，也可以是输入序列或输出序列的。这里，通过定义istream_iterator，能够从标准输入流cin输入；定义ostream_iterator，能够向标准输出流cout输出。

◇ **数据结构与算法**

规划数据结构如下：

① 定义 2 个 int 型变量 x 和 y，用于存放两个整数。

② 定义 istream_iterator<int>，用于从标准输入流 cin 输入 int 值。

③ 定义 ostream_iterator<int>，用于将 int 值向标准输出流 cout 输出。

设计算法如下：

① 使用*运算符得到迭代器引用的数据值。

② 使用++运算符将迭代器移到输入流的下一个元素位。

◇ **编程实现**

```
//10.1-1 学习使用迭代器
#include <iostream>
#include <iterator>    //提供输入流迭代器和输出流迭代器的使用方法
using namespace std;

void main(void)
{    int x,y;
     cout<<"请输入两个整数:";
     //将 useCin 定义为一个连接到标准输入装置的输入流迭代器，输入 int 值
     istream_iterator<int> useCin(cin);
     x=*useCin;
     useCin++;
     y=*useCin;
     cout<<"其中的大数值为：";
     //定义一个输出流迭代器，向标准输出流 cou 输出 int 值
     ostream_iterator<int> useCout(cout);
     *useCout = x>y ? x : y;
     cout<<endl;
}
```

填空练习

◇ **运行结果**

```
C:\Windows\sys...
请输入两个整数:23  76
其中的大数值为: 76
请按任意键继续. . .
```

【**案例 10.1-2**】   求最大数。

◇ **问题背景**

修改案例 **10.1-2**，编写输入 N 个数以及输出其中大值的程序。

◇ **编程实现**

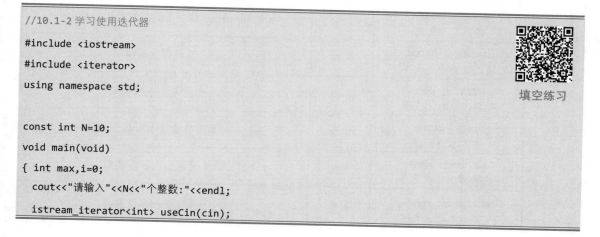

```
//10.1-2 学习使用迭代器
#include <iostream>
#include <iterator>
using namespace std;

const int N=10;
void main(void)
{ int max,i=0;
  cout<<"请输入"<<N<<"个整数:"<<endl;
  istream_iterator<int> useCin(cin);
```

填空练习

```
max=*useCin;

while( i<N-1 )
  {  useCin++;

     if(*useCin>max)max=*useCin;

     i++;

  }
cout<<"其中的大数值为: ";

ostream_iterator<int> useCout(cout);

*useCout = max;

cout<<endl;

}
```

◇ 运行结果

```
C:\Windows\system32\cmd.exe
请输入10个整数:
29 39 12 54 73 88 55 33 11 66
其中的大数值为: 88
请按任意键继续
```

★ 语法知识与编程技巧 ★

STL 迭代器——#include <iterator>

1. C++标准库中预定义的迭代器（见表 10.2）

表 10.2　C++标准库中预定义的迭代器

预定义迭代器		++方向	功能
iterator（正向）迭代器		向前	读/写，正向（从前向后）遍历容器
迭代器的适配器	reverse_iterator 反向型迭代器	向后	读/写，逆向（从后向前）遍历容器
	const_iterator 常量型（正向）迭代器	向前	读，正向遍历只读容器， 即指向的对象是常量，不能修改元素
	const_reverse_iterator 常量型反向型迭代器	向后	读，逆向遍历只读容器， 即指向的对象是常量，不能修改元素
	istream_iterator 输入流迭代器	向前	用于从 istream 中读出，即输入从标准输入
	ostream_iterator 输出流迭代器	向前	用于向 ostream 中写入，即输出向标准输出
	istreambuf_iterator 输入流缓冲迭代器	向前	用于从流缓冲区读出
	ostreambuf_iterator 输出流缓冲迭代器	向前	用于向流缓冲区写入
	insert_iterator 插入型迭代器	向前	用于将值插入容器中
	front_insert_iterator 前端插入型迭代器	向前	用于将值插入容器首部
	back_insert_iterator 末端插入型迭代器	向前	用于将值插入容器尾部

2. STL 容器支持的迭代器

在 STL 容器中，只有第一类容器（即顺序容器和关联容器）支持使用迭代器遍历，而且每个容器所支持的迭代器类别确定了该容器能够使用 STL 中的特定算法。而支持随机访问迭代器的容器能够使用 STL 中的所有算法，如表 **10.3** 所示。

表 10.3　STL 容器支持的迭代器

容　　器		支持迭代器的类别
顺序容器	vector	随机访问迭代器
	deque	随机访问迭代器
	list	双向迭代器
关联容器	set	双向迭代器
	multiset	双向迭代器
	map	双向迭代器
	multimap	双向迭代器
容器适配器	stack	不支持迭代器
	queue	不支持迭代器
	priority_queue	不支持迭代器

正向迭代器组合输入迭代器和输出迭代器的功能，保留在容器中的位置（作为状态信息），但只能向前推进；双向迭代器组合正向迭代器的功能和逆向移动的功能；随机访问迭代器组合双向迭代器的功能，并支持直接访问容器中任何元素的功能（即允许随机读写元素）。

每种迭代器可以支持的操作如下（设有迭代器 p 和 p1）：

所有迭代器支持的操作：**++p** 前置自增迭代器、**p++**后置自增迭代器，***p** 复引用迭代器（作为右值）。

输入迭代器支持的操作：**p1=p**（将一个迭代器赋给另一个迭代器），**p==p1**、**p!=p1**（比较两个迭代器的相等性/不等性，成立则返回 true，否则返回 false）。

输出迭代器支持的操作：**p1=p, p==p1**、**p!=p1**, **--p**、**p--**（前置/后置自减迭代器）；

随机访问迭代器支持的操作：**p1=p; p==p1**、**p!=p1; --p**、**p--, p+=i**、**p-=i**（迭代器 p 递

增/减 i 位）；p+i、p-i（将 p 位加/减 i 位后的迭代器）；p[i]（返回 p 位元素偏离 i 位的元素引用）；两迭代器比较运算；p<p1（即 p 在 p1 前）、p<=p1、p>p1（即 p 在 p1 后）、p>=p1，成立则返回 true，否则返回 false。

说明：

◆ 通用算法对容器元素的访问和遍历都是通过迭代器实现的。

◆ 迭代器范围通常由一个半开区间[begin，end)来指定。使用迭代器访问需

附录 7

要配合使用容器的一些成员函数访问，如 begin()、end()、rbegin() 和 rend() 等。关于容器成员函数的使用方法，详见之后章节中的案例，以及附录 7 "STL 的常用运算符和成员函数"。

◆ 虽然第一类容器都支持 iterator、reverse_iterator、const_iterator、const_reverse_iterator，但是这些迭代器在不同的容器类中具有不同的性质。例如，在 vector 容器、deque 容器中它们是随机访问迭代器，而在 list 容器中它们则是双向迭代器。下面是在本教材的一些案例中迭代器声明的示例：

```
vector<int>::iterator it;                // 参见案例 10.3-1
vector<T>::const_iterator it;            // 参见案例 10.3-2
userDeque::iterator pd;                  // 参见案例 10.4
userDeque::reverse_iterator rpd;         // 参见案例 10.4
list<char>::iterator pl=n.begin();       // 参见案例 10.18
list<T>::const_iterator pl=l1.begin();   // 参见案例 10.5
list<int>::reverse_iterator rIp;         // 参见案例 10.5
string::iterator ip;                     // 参见案例 10.7
```

★ 知 识 拓 展 ★

迭代器连接至文件

迭代器除了可以连接至标准输入输出设备外，还可以连接至文件。

```
例 3：#include <iostream>
      #include <fstream>
      #include <iterator>
      #include <vector>
      #include <string>
      using namespace std;
      void main(void)
      {   vector<string> v1;  //string 对象作为 vector 容器元素
          ifstream file1("d:\\test\\j1.txt");
          if(file1.fail())
              {   cout<<"open file1 j1.txt failed"<<endl;
                  return 1;   }
          copy(istream_iterator<string>(file1),istream_iterator<string>(),
                  inserter(v1,v1.begin()));
          copy(v1.begin(),v1.end(),ostream_iterator<string>(cout," "));
          cout<<endl;
      }
```

以上程序完成了将一个文件输出到屏幕的功能。首先将文件读入，然后通过输入迭代器把文件内容复制到类型为字符串的向量容器内，最后由输出迭代器输出。

inserter()算法是输入迭代器的一个函数(插入迭代器，迭代器适配器)，它的使用方法是：

```
inserter (container,pos);  //参见 10.3.1 节 "语法知识与编程技巧" 中 "关于三种迭代器适配器"
```

其中，container 是将要用来存入数据的容器，pos 是容器存入数据的开始位置。上例中，是把文件内容存入（copy()）向量 v1 中。

★ ★

10.2.2 函数对象

函数对象主要作为泛型算法的实参使用，用于改变缺省操作，从而使算法的功能得以扩展。

【案例 10.2】 查找被指定数整除的元素。

◇ **问题背景**

通过编程实现查找并输出数组中第一个可以被指定数整除的元素，学习函数对象的使用方法。

◇ **思路分析**

利用类来自定义函数对象。

◇ **数据结构与算法**

规划数据结构如下：

①定义 1 个 int 型变量 x 和 1 个 int 型指针变量 it。

②定义 1 个 int 型数组 arr，并初始化。

③定义类模板 isDiv，重载调用运算符。

设计算法如下：

①使用迭代器和 copy 算法屏幕输出数组元素。

②使用 find_if()算法和自定义函数对象，搜索数组中符合条件的元素。

◇ **编程实现**

```cpp
//10.2 学习使用函数对象

#include<iostream>
#include <algorithm>  //包含find_if算法

#include <iterator>   //提供输入流迭代器和输出流迭代器使用方法

using namespace std;
//=========================================
template <class T>   //编译时对函数对象做类型检查

class isDiv
{   public:
        isDiv(const T &div):less(div) { } //构造函数
        bool operator()(T &elements)    //重载调用运算符
```

填空练习

```
        {  return (elements % less == 0);  }
    private:
        T less;        //对运算符重载而言 less 是额外的数据，并且这类数据可以有多个
};


void main(void)
{    int x, *it;
    int arr[] = {10,14,22,24,36,39,17,19,48,33};
    //屏幕输出数据，并数据间以逗号分隔
    copy(arr, arr+10, ostream_iterator<int>(cout, ","));
    cout<<"\n 请输入一个整数: "<<endl;    cin>>x;
    //调用 find_if 和自定义函数对象
    it = find_if(arr, arr+10, isDiv<int>(x));
    if (it != arr+10)
        { cout<<"第一个被"<<x<<"整除的数是: "<<*it<<endl;  }
    else cout<<"抱歉，不存在被"<<x<<"整除的数。"<<endl;

}
```

◇ 运行结果

★语法知识与编程技巧★

函数对象

在 STL 中，大多数算法都支持用一个函数对象作为实参来改变缺省操作，从而使算法的功能得以扩展。

函数对象的来源如下：

① 一组标准函数对象。即 C++标准库中预定义的一组函数对象（参见表 **10.1**），每个对象都是一个类模板，并且包含在头文件**<functional>**中。

② 一组预定义的函数适配器。限于篇幅，这部分内容不在本教材学习范围内。

③ 用户自定义函数对象。

表 10.1   C++标准库中预定义的函数对象

函数对象		功能说明
plus<T>		返回两个数的和: a+b
minus<T>		返回两个数的差: a-b
multiplies<T>	算	返回两个数的乘积: a*b
divides<T>	术	返回两个数的商: a/b
mudulus<T>		返回两个数的模: a%b
negate<T>		返回某个数的相反数: -a

函数对象		功能说明
equal_to\<T>	关系	等于，判断两个数是否相等：a==b
not_equal_to\<T>		不等于，判断两个数是否不等：a!=b
greater\<T>		大于，判断第一个数是否大于第二个数：a>b
great_equal\<T>		大于等于，判断第一个数是否大于等于第二个数：a>=b
less\<T>		小于，判断第一个数是否小于第二个数：a<b
less_equal\<T>		小于等于，判断第一个数是否小于等于第二个数：a<=b
logical_not\<T>	逻辑	返回某个数的逻辑非结果：!a
logical_and\<T>		返回两个数的逻辑与结果：a&&b
logical_or\<T>		返回两个数的逻辑或结果：a||b

1. STL 标准函数对象的使用

例1：
```
#include<iostream>
#include <functional>   //标准函数对象头文件
#include <algorithm>   //包含 sort()算法的头文件
using namespace std;
void main(void)
{   int arr[]={12,45,37,28,90,19,20};
    //sort()算法用于将容器中的元素按指定顺序排列，并默认操作为升序排列
    sort(arr,arr+7);
    for(int i=0;i<7;i++)cout<<arr[i]<<",";
    cout<<endl;
    //函数对象作为实参使用，在 sort 算法中 greater()改变了缺省的升序操作为降序操作
    sort(arr,arr+7,greater<int>());
    for(int i=0;i<7;i++)cout<<arr[i]<<",";
    cout<<endl;
}
```

```
C:\Windows\syste...
12,19,20,28,37,45,90,
90,45,37,28,20,19,12,
请按任意键继续. . .
```

该案例中的 **sort()**算法详细解释参见 **10.3** 节"常用 **STL** 通用算法"。

2. 用户自定义函数对象

用户可以采用以下三种方法自定义函数对象。

（1）利用一般函数来定义函数对象

例2：
```
#include <iostream>
#include <algorithm> //包含 sort()算法的头文件
#include <iterator>   //提供输入流迭代器和输出流迭代器使用方法
using namespace std;
```

```
//一般函数，自定义排序 int 型数据，并按绝对值从小到大进行排序
bool myFun(const int &x,const int &y)
{
    return abs(x)<abs(y)?true:false;
}
void main(void)
{   int arr[]={12,-45,37,-28,90,-19,20};
    sort(arr, arr+7);
    copy(arr, arr+7, ostream_iterator<int>(cout, ","));        cout<<endl;
    sort(arr, arr+7,myFun);
    copy(arr, arr+7, ostream_iterator<int>(cout, ","));        cout<<endl;
}
```

```
-45,-28,-19,12,20,37,90,
12,-19,20,-28,37,-45,90,
请按任意键继续. . .
```

（2）利用函数模板来定义函数对象

例 3：
```
#include<iostream>
#include <algorithm>  //包含 sort()算法的头文件
#include <iterator>   //提供输入流迭代器和输出流迭代器使用方法
using namespace std;
//函数模板，自定义排序 T2 型数据，按绝对值从小到大进行排序
template< typename T1,typename T2 >
T1 myFun(const T2 &x,const T2 &y)
{
    return abs(x)<abs(y)?true:false;
}
void main(void)
{   int arr[]={12,-45,37,-28,90,-19,20};
    sort(arr, arr+7);
    copy(arr, arr+7, ostream_iterator<int>(cout, ","));        cout<<endl;
    sort(arr, arr+7,myFun<bool,int>);
    copy(arr, arr+7, ostream_iterator<int>(cout, ","));        cout<<endl;
}
```

```
-45,-28,-19,12,20,37,90,
12,-19,20,-28,37,-45,90,
请按任意键继续. . .
```

（3）利用类来定义函数对象

函数对象是一个类，它重载了调用运算符"( )"，使用方法与类模板相同。

如果在一个类中重载了调用运算符"( )"，那么这个类的对象可以表现出函数行为。换句话说，当像调用函数一样调用该对象时，实际执行的就是位于这个调用运算符重载定义中的代码段，并且它的返回类型就是调用运算符重载定义的返回类型。

例如，案例 10.2 中的 find_if()算法用于搜索容器中符合条件的单个元素，详细解释参见 10.3 常用 STL 通用算法。

10.2.3　vector 容器

vector 的结构简单，会根据需要自动增长（长度），且支持在常数时间内访问任意元素。如果需要经常随机访问（即可在任何时间跳转到任意位置进行读写）数据序列的元素，那么使用 vector 是一种好的选择。vector 允许把新元素插入到任何位置，但是就其性能而言，只有在容器尾部进行的操作才是高效的，即 vector 不适合在开头或中间位置插入和删除操作频繁的场合。

【案例 10.3-1】 求和运算（1）。

◇ **问题背景**

通过编写该求和运算程序，学习 vector 容器、迭代器以及通用算法的使用方法。

◇ **思路分析**

使用 vector 和尾部元素扩张方式赋值完成参加运算的数据录入，并且可以不限定参加运算的数据量（只要内存空间足够大）；使用属于 vector 的迭代器 iterator 顺序遍历所有元素；使用 accumulate 算法统计向量所有元素的和；最后输出运算结果。

◇ **数据结构与算法**

规划数据结构如下：

① 定义 1 个用来存储 int 型元素的向量对象 v（参见 vector<int> v;），用于存放操作数。

② 定义 2 个 int 型变量 num 和 sum，分别用于存放算子与和值。

设计算法如下：

① 使用循环结构和尾部元素扩张方式赋值（参见 v.push_back(num);），其中 while(cin>>num)循环在键入 num 的值为非定义类型的数据（或同时按下<Ctrl>和<z>键）时结束执行。

② 使用 vector 容器的迭代器 iterator 顺序遍历所有元素（参见 vector<int>::iterator it;到 for(it=v.begin()+1;it!=v.end();it++){}程序段），其中单独输出第一个元素的目的为控制加号的输出位置。

③ 统计并输出向量所有元素的和（参见 sum=accumulate(v.begin(),v.end(),0);）。

◇ **编程实现**

```
//10.3-1 通过该求和程序，学习使用 vector、迭代器以及通用算法
#include <iostream>
#include <vector>    //向量头文件
#include <numeric>   //提供 accumulate 算法
using namespace std;


void main(void)
{    //======================================
    vector<int> v;
```

填空练习

```
    int num, sum;
    cout<<"请输入数据，并在按下任一英文字符键时结束输入:\n ";
    //====================================
    while(cin>>num)
    {    v.push_back(num);    }
    //====================================
    vector<int>::iterator it;
    cout<<"根据以上输入，求和结果为：\n";
    //begin()容器成员函数返回 iterator 类型的迭代器，它指向容器中的第一个元素
    it=v.begin();
    cout<<*it;
    //end()容器成员函数返回 iterator 类型的迭代器，它指向容器中最后一个元素之后的位置
    for(it=v.begin()+1;it!=v.end();it++)
    {   cout<<"+"<<*it;    }
    //====================================
    sum=accumulate(v.begin(),v.end(),0);
    cout<<"="<<sum<<endl;
}
```

◇ 运行结果

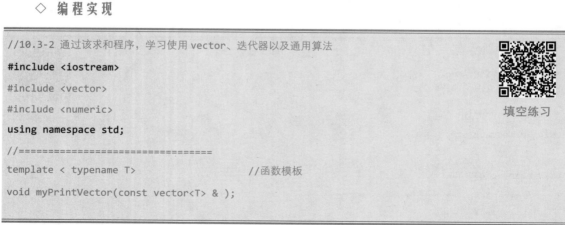

```
C:\Windows\system32\cmd.exe
请输入数据，并在按下任一英文字符键时结束输入：
 23 56 78 19 91 36 72 88 33 22 18 77 a
根据以上输入，求和结果为：
23+56+78+19+91+36+72+88+33+22+18+77=613
请按任意键继续. . .
```

【案例 10.3-2】 求和运算（2）。

◇ 思路分析

修改案例 10.3-1，实现：

① 调用 cin 的 peek()成员函数，去掉输入数据时对用户操作的额外要求。

② 设计函数接收对 vector 的 const 引用作为参数，用 const 迭代器输出 vector 的内容。其目的是确保访问操作不能修改容器中的元素。

◇ 编程实现

```
//10.3-2 通过该求和程序，学习使用 vector、迭代器以及通用算法
#include <iostream>
#include <vector>
#include <numeric>
using namespace std;
//=============================
template < typename T>                  //函数模板
void myPrintVector(const vector<T> & );
```

填空练习

```
void main(void)
{   //================================
    vector<int> v;
    int num, sum;
    cout<<"请输入数据:\n ";
    while(cin>>num)
    {   v.push_back(num);
        if(cin.peek()=='\n')break;      //调用 cin 的 peek()成员函数
    }
    cout<<"根据以上输入，求和结果为：\n";
    //================================
    myPrintVector(v);
    sum=accumulate(v.begin(),v.end(),0);
    cout<<"="<<sum<<endl;
}
//函数接收对 vector 的 const 引用作为参数，用 const 迭代器输出 vector 的内容（不能修改容器中的元素）
template < typename T>
void myPrintVector(const vector<T> &v1)
{   vector<T>::const_iterator it;
    it=v1.begin();
    cout<<*it;
    for(it=v1.begin()+1;it!=v1.end();it++)
        {   cout<<"+"<<*it;   }
}
```

◇ 运行结果

◇ 问题拓展

编程实现：键盘输入 n，计算≤n 的完数。输入数数格式参见下图。

备注：参见本教材第 I 分册案例 3.15 问题拓展。

参考程序

━━━━━━ ★语法知识与编程技巧★ ━━━━━━

向量（vector 容器类）——#include <vector>

vector 容器按照相似于普通数组的组织方式存储对象。它的容量可以根据需要自动调整，且在尾部删除或添加数据时效率最高。

容器 vector<T>在向量中存储类型 T 的元素。

1. 定义 vector 对象

定义（也称为创建）向量对象的常用方法如下：

（1）定义时不指定容器的大小

采用 vector 默认构造函数，可以构造一个初始长度为 0 的内存空间，称为空向量。

例 1: `vector<int> v;` //参见案例 10.1, 定义一个用来存储整型元素的向量对象

例 2: `vector<char *> v2;` //定义一个用来存放字符串（字符指针）序列的向量对象

（2）定义时指定容器的大小

例 3: `vector<int> v(10);` /*定义一个用来存储 10 个 int 型元素的向量对象（vector 容器），
并且将这个对象的每个元素初始化为该类型的零值 */

（3）定义时为每个元素指定初值

构造一个有 n 个元素的向量，并为向量各成员赋初始值。

例 4: `vector<int> v(n,4.5);` /*定义一个用来存储整型 n 个 int 型元素的向量对象，
并将这个对象的每个元素的值初始化为 4.5*/

（4）使用数组对 vector 容器进行初始化

使用指针参数产生初始值为一个区间的向量，区间由一个半开区间[first,last)来指定。

例 5: `int ar[10]={ 11, 45, 23, 64, 12, 35, 63, 27, 14, 55 };`
　　　`vector <int> v(ar, ar+10);` // first=ar,last=ar+10,不包括 ar+10

（5）复制构造一个新向量对象

使用复制构造函数，构造一个新的向量，作为已存在的向量的完全复制。

例 6: `vector<int> v1(10);`
　　　`vector<int> v2(v1);`

例 7: `const int SIZE=10;`
　　　`int a[SIZE]={1,2,3,4,5,6,7,8,9,10};`
　　　　　　　　　//使用重载的 vector 构造函数，该函数取两个迭代器参数。注：数组指针可以作为迭代器
　　　`vector<int>v(a,a+SIZE);`

2. 访问 vector 元素

通常在顺序容器中，使用容器成员函数 front()返回容器中第一个元素的引用，back()返回容器中最后一个元素的引用。

通常，vector 容器中可以使用下标访问方式实现对元素的随机访问，也可以使用迭代器访问方式实现遍历访问所有元素。

标准库为第一类容器都定义了一种迭代器。对于第一类容器内元素的访问，迭代器要比下标操作更为普遍，因为并不是每种第一类容器都支持下标访问，而每种第一类容器都支持迭代器访问。

一般来说，使用迭代器访问需要配合使用容器的成员函数访问，如 begin()、

附录 7

end()、rbegin()和 rend()。关于容器成员函数，详见附录 7 "STL 的常用运算符和成员函数"。

例 1：v[5]=9; //使用下标访问方式为下标为 5 的元素重新赋值

例 2：使用 int 型的 vector 容器的迭代器遍历 vector 在区间[begin, end)的所有元素。

```
vector<int>::iterator it;   //定义一个正向迭代器
it=v.begin();   //指向容器中的第一个元素
it++;   //迭代器自增来指向容器中下一个位置的对象
```

从 v.begin() 到 v.end()
（不包括 v.end()）

begin() ——→ end()

| 1 | 2 | … | n | ⬚ |

而如果希望读取 vector 的元素，但又不让程序修改其元素，则可以采用对 vector 的 const 使用。

例 3：/* 定义了一个称为 it 的 const_iterator，对 vector 进行迭代并输出其内容。

const_iterator 使程序可以读取 vector 的元素，但是不让程序修改其元素。*/

```
vector<int>::const_iterator it;
```

例 4：/* 定义了一个称为 it 的 reverse_iterator，逆向对 vector 进行迭代并输出其内容。

所有顺序容器和关联容器都支持这种迭代器。*/

```
vector<int>::reverse_iterator it;
```

rbegin() ——→ rend()

| n | 2 | … | 1 | ⬚ |

说明：

◆ vector 下标不进行自动范围检查，但是 vector 类通过其成员函数 at 提供这个功能（参见附录 7 中）。

◆ vector 下标的两种写法：

```
v[0]=12;   //用下标运算符重载成返回指定位置数值的引用或常量引用
v.at(2)=8;   // at 成员函数增加了边界检查特性：对超出范围的下标运算，会抛出 out_of_range 类型的异常
```

◆ 如果在已满的 vector 中增加元素，则 vector 自动增加长度。而且有的 STL 版本会自动将 vector 的长度翻倍。

3．vector 元素的插入与删除

（1）vector 元素的插入

在 vector 容器中，可以使用容器成员函数 push_back()在容器末端追加新元素。同时，使用这种末端扩张方法可以是对空的向量对象，也可以是对已有元素的向量对象。

例 1：案例 10.1 中的 v.push_back(num);使用末端扩张方法将若干数据添加到空的向量对象 v 中，这样 v 中就有了这些元素以及赋值。

在 vector 容器中，也可以使用容器成员函数 insert()在迭代器所指向的位置上插入一个新元素。同时，在使用 insert()成员函数实现插入操作时，vector 将会自动扩张一个元素空间，并且插入后的所有元素依次向后移动一个位置。

例 2：
```
vector <int> v(10);
v.insert(v.begin(),12);   //在容器的最前面插入一个新元素
v.insert(v.begin()+3,16);   //在容器的第 3 个元素前插入一个新元素
v.insert(v.end(),20);   //在容器的尾部插入一个新元素
```

例 3：
```
const int SIZE=10;
int a[SIZE]={1,2,3,4,5,6,7,8,9,10};
vector<int>v(a,a+SIZE);
```

```
        /*insert 函数中第一个参数指定插入位置，第二和第三个参数指定要插入容器的
        序列值的开始与结束位置（可以来自另一个容器，本例来自数组）。而结束位
        是插入的最后一个元素后一个位置，即插入的数据不包含这个位置*/
    v.insert(v.begin(),a,a+SIZE);
```

（2）vector 元素的删除

通常在 vector 容器中，可以使用容器成员函数 pop_back() 在容器末端删除元素，也可以使用 erase() 方法删除 vector 中迭代器所指向的一个元素或一段区间中的元素，还可以使用 clear() 方法一次性删除 vector 中的所有元素。

```
例 4: vector <int> v(10);
    v.erase (v.begin());  //从容器中删除迭代器参数所指定位置的元素，这里即首元素
    v.erase (v.begin(),v.end());  //从容器中删除从第一个参数指定的位置开始到第 2
                            个参数指定位置（但不包含该位置）的所有元素*/
    v.erase (v.begin()+3);   //从 0 开始计数，删除 3 个元素
    v.erase (v.begin()+3, v.begin()+6);  //删除迭代器第 3 到第 6 区间的所有元素
    v.erase (v.end()-1);   //从容器中删除最后面的一个元素
```

（3）检测容器是否为空

可以使用 empty() 来检测容器是否为空。

说明：

◆　vector 具有内存自动管理的功能，对于元素的插入和删除，可动态调整所占据的内存空间，所以也称 vector 是会自动增长的数组。它的使用方法是：① 可以事先定义其大小，之后如果是在已满的 vector 中增加元素，则 vector 将自动增加长度，而且有的 STL 版本会自动将 vector 的长度翻倍。② 可以事先不定义其大小，随时使用容器成员函数 push_back() 或 insert() 增加新元素。

◆　vector 的删除操作是删除对象的元素而不是删除这个对象。

◆　使用容器成员函数 clear() 只是清空所有元素，把 size 设置为 0，vector 所占用的内存空间依然如故。而 vector 中内建有内存管理，当 vector 离开它的生存期时，它的析构函数将会把 vector 中的元素销毁，并释放它们所占用的空间。因此，可如下例所示借用 swap() 来协助释放 vector 的内存。

```
例如：  vector<int> v;
    ......
    vector<int>().swap(v);  //使vector离开自身的作用域，强制释放vector所占的内存空间
```

4.在 vector 中常用的通用算法

以下介绍的这几个算法都是包含在头文件 <algorithm> 中，其详细解释参见10.3节"常用STL通用算法"。

（1）copy 算法

copy 算法是将容器中指定位置（由第一个参数中的迭代器指定开始位；第二个参数中的迭代器指定要赋值的最后一个元素后的一个位置，即不包含这个位）的每个元素复制到第三个参数的指定地址。

例1: vector<int> a;
......
//使用copy算法将vector v的整个内容输出到标准输出
copy(a.begin(),a.end(),ostream_iterator<int>(cout, " ")); //以空格分隔
//或者:
ostream_iterator<int>outPut(cout, " "); //以空格分隔。又如:以<Tab>分割则为"\t"
copy(a.begin(),a.end(),outPut);

例2: istream_iterator<int> inBeign,inEnd;
vector<int> v(inBeign, inEnd); //定义一个vector对象,用于存放数据
ostream_iterator<int> output(cout, ","); //设置逗号为输出数据时的分隔符
copy(v.begin(), v.end(), output); //屏幕输出数据,并数据间以逗号分隔

（2）size、reserve、resize 和 capacity 算法

size算法用于返回容器中实际元素个数。具体使用参见案例**10.15**。

reserve算法用于控制vector容器的预留空间,但并不真正创建元素对象。而resize算法用于改变顺序容器的大小（即重新分配序列的长度）,并且创建对象。这两个函数在形式上也是有区别的；reserve函数之后一个参数,即需要预留的容器的空间；resize函数可以有两个参数,第一个参数是容器新的大小,第二个参数是要加入容器中的新元素（如果这个参数被省略,那么就调用元素对象的默认构造函数）。

capacity算法将给出当前vector容器重新分配内存之前所能容纳的元素数量。

例3: resize算法和reserve算法的使用

```cpp
#include<iostream>
#include <vector>   //vector<int> a,b;
#include <iterator> //ostream_iterator
using namespace std;
void main(void)
{   vector<int> a,b;       // a 和 b 均为空
    a.push_back(-1);  b.push_back(-1); // a 和 b 均为含有一个元素(-1)
    //将 vector a 或 b 的整个内容复制到输出迭代器,亦即输出到标准输出
    ostream_iterator<int>userOut(cout, " ");
    copy(a.begin(),a.end(),userOut);
    cout<<endl;
    copy(b.begin(),b.end(),userOut);
    cout<<endl;
    //注意 resize 和 reserve 的区别
    a.resize(10);   //此时, a 有 10 个元素,其余元素都置初值为 0
    b.reserve(10);   //此时, b 只有原来的一个元素（-1）
    copy(a.begin(),a.end(),userOut);
    cout<<endl;
    copy(b.begin(),b.end(),userOut);
```

```
        cout<<endl;
        //记录并输出此时的数组首地址
        int *pa=&a[0],*pb=&b[0];
        cout<<"pa:"<<pa<<"\npb:"<<pb<<endl;
        //连续插入 5 个元素,每次插入都要重新分配
        for(int i=1;i<=15;i++)
            { a.push_back(i);  b.push_back(i);  }
        copy(a.begin(),a.end(),userOut);
        cout<<endl;
        copy(b.begin(),b.end(),userOut);
        cout<<endl;
        //记录并输出此时的数组首地址
        pa=&a[0];  pb=&b[0];
        cout<<"pa:"<<pa<<"\npb:"<<pb<<endl;
}
/*通过该实例可见,vector 在进行动态分配的时候是重新分配拷贝原数据的。
    即当 a.size()==a.capacity()的时候,再插入元素的话,重新分配一个 size+1(或者 size+n)
    的 vector,并将原 size 长的数据插入新 vector,再插入新元素,而后返回这个新的 vector*/
```

◇ 运行结果

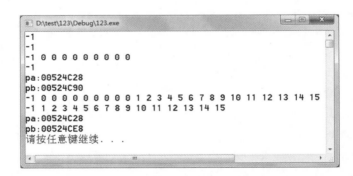

　　向量的使用方法有很多，通过本教材 **10.3** 节可以详细学习一些常用算法的使用方法，其余的则可以参考 **C++ STL** 相关资料。

★ ★

【案例 10.3-3】 类类型的 vector 容器的使用（1）。

◇ 问题背景

　　自定义数据类型，成员有：学号、姓名和课程成绩。使用向量容器存放班级信息，计算班级课程平均成绩，输出班级信息和课程平均成绩。

```cpp
//10.3-3 类类型的 vector 容器的使用（1）
#include <iostream>
#include <string>
#include <vector>
#include <numeric>
#include <iomanip>
using namespace std;
//自定义数据类型
class STU
  { public:
      STU() { num=" "; name=" "; score=0.0;  }
      void myCin(string num1,string name1,double score1)
        {  num=num1;
           name=name1;
           score=score1;  }
      string getNum()const{   return num; }
      string getName()const{   return name; }
      double getScore()const{   return score; }
      //===============================================
      friend ostream& operator<<(ostream&, const STU&);
    private:
      string num;
      string name;
      double score;
  };
//运算符重载
double operator+(double x1, const STU& x2)
{    return x1+x2.getScore();     }
ostream& operator<<(ostream& os, const STU& x)
{    os<<setw(10)<<x.num<<","<<setw(12)<<x.name<<","<<setw(6)<<x.score<<endl;
     return os;
}
//函数模板
template < typename T>
void myPrintVector(const vector<T> & );
template < typename T>
```

填空练习

```
void myAccumulate(const vector<T> &,int n);
static const int N=5;

void main(void)
{    int i;
     STU x;
     vector<STU> v;
     double sum=0.0;
     string num1,name1;
     double score1;
     cout<<"请按"学号 姓名 成绩"输入数据:\n ";
     for(i=0;i<N;i++)
     {    cin>>num1>>name1>>score1;
          x.myCin(num1,name1,score1);
          v.push_back(x);
     }
     cout<<"根据以上输入，求和结果为：\n";
     myPrintVector(v);
     myAccumulate(v,N);
}
//函数接收对 vector 的 const 引用作为参数，用迭代器输出 vector 的内容
template < typename T>
void myPrintVector(const vector<T> &v1)
{    vector<T>::const_iterator it;
     for(it=v1.begin();it!=v1.end();it++)
        { cout<<*it;   }
}
//计算并输出班级课程平均成绩
template <typename T>
void myAccumulate(const vector<T> &v1,int n)
{    double sum=0;
     vector<T>::const_iterator it1;
     for(it1=v1.begin();it1!=v1.end();it1++)
       { sum=sum+*it1;   }
     cout<<"全班平均成绩="<<sum/n<<endl;
}
```

◇ 运行结果

```
C:\Windows\system32\cmd.exe
请按"学号 姓名 成绩"输入数据:
 20180001 zhangsan 67
20180003 lisi 87
20180004 wangwu 91
20180010 zhaoliu 76
20180015 huangqi 85
根据以上输入，求和结果为:
   20180001,     zhangsan,    67
   20180003,         lisi,    87
   20180004,       wangwu,    91
   20180010,      zhaoliu,    76
   20180015,      huangqi,    85
全班平均成绩=81.2
请按任意键继续. . .
```

◇ 问题背景

在案例 10.3(c)基础上，增加调用通用算法 sort()完成排序和输出。

◇ 编程实现

```cpp
//10.3-4 类类型的 vector 容器的使用（2）
#include <iostream>
#include <string>
#include <vector>
#include <numeric>
#include <iomanip>
using namespace std;
//自定义数据类型
class STU
  { public:
       STU() { num=" "; name=" "; score=0.0; }
       void myCin(string num1,string name1,double score1)
         { num=num1;
           name=name1;
           score=score1;  }
       string getNum()const{   return num; }
       string getName()const{   return name; }
       double getScore()const{   return score; }
       //==================================================
       friend ostream& operator<<(ostream&, const STU&);
     private:
       string num;
       string name;
       double score;
   };
//运算符重载
double operator+(double x1, const STU& x2)
{   return x1+x2.getScore();  }
ostream& operator<<(ostream& os, const STU& x)
{   os<<setw(10)<<x.num<<","<<setw(12)<<x.name<<","<<setw(6)<<x.score<<endl;
    return os;
}
```

```
class STUSort
{
  public:
    bool operator()(const STU& d1,const STU& d2)const
    { return d1.getScore() < d2.getScore();}
};
//函数模板
template < typename T>
void myPrintVector(const vector<T> & );
template < typename T>
void myAccumulate(const vector<T> &,int n);
static const int N=5;

void main(void)
{   int i;
    STU x;
    vector<STU> v;
    double sum=0.0;
    string num1,name1;
    double score1;
    cout<<"请按"学号 姓名 成绩" 输入数据:\n ";
    for(i=0;i<N;i++)
    {   cin>>num1>>name1>>score1;
        x.myCin(num1,name1,score1);
        v.push_back(x);
    }
    cout<<"根据以上输入，求和结果为: \n";
    myPrintVector(v);
    myAccumulate(v,N);
    //===================================
    sort(v.begin(),v.end(),STUSort());
    myPrintVector(v);
}
//函数接收对 vector 的 const 引用作为参数，用迭代器输出 vector 的内容
template < typename T>
void myPrintVector(const vector<T> &v1)
{   vector<T>::const_iterator it;
```

◇ 运行结果

```
C:\Windows\system32\cmd.exe
请按"学号 姓名 成绩"输入数据:
 20180101 zhangsan 76
20181002 lisi 77
20181015 wangwu 90
20181020 zhaoliu 84
20182001 huangjiu 88
根据以上输入，求和结果为:
 20180101,    zhangsan,     76
 20181002,        lisi,     77
 20181015,     wangwu,     90
 20181020,     zhaoliu,     84
 20182001,    huangjiu,     88
全班平均成绩=83
 20180101,    zhangsan,     76
 20181002,        lisi,     77
 20181020,     zhaoliu,     84
 20182001,    huangjiu,     88
 20181015,     wangwu,     90
请按任意键继续. . .
```

```
        for(it=v1.begin();it!=v1.end();it++)
        {  cout<<*it;    }
}
//计算并输出班级课程平均成绩
template <typename T>
void myAccumulate(const vector<T> &v1,int n)
{   double sum=0;
    vector<T>::const_iterator it1;
     for(it1=v1.begin();it1!=v1.end();it1++)
        {   sum=sum+*it1;   }
     cout<<"全班平均成绩="<<sum/n<<endl;
}
```

★ 语 法 知 识 与 编 程 技 巧 ★

类类型的 vector 容器的使用

一个类类型的容器能够正确使用前提：这个类至少应该支持无参构造函数。若这个类同时提供了"+"、">>"和">""等运算符的重载定义，那么这个容器的对象就可以进行特定的加、输出和比较等操作，并供 STL 通用算法使用。

参见案例 10.3(c)和案例 10.3(d)，当把一个用户自定义的类类型（如 STU 类型）的对象（如 vector<STU> v; STU x;）插入到一个这种类型的 vector 容器中（如 cin>>num1 >> name1>> score1; x.myCin(num1, name1, score1); v.push_back(x);）时，该容器将使用元素数据类型所定义的拷贝构造函数或拷贝赋值运算符对这个对象进行复制。也就是说，实际上插入的是这个对象的一份拷贝。

参见案例 10.3(d)，通常对于类类型容器的对象的排序，可以采用">"运算符重载的方法，也可以采用"()"运算符重载的方法（如程序中，定义函数对象 STUSort()，并把它作为参数提供给 sort()通用算法）。

关于输出运算符重载：一方面对输入和输出操作运算符只能使用全局重载定义，另一方面本示例中该重载函数需要访问类的私有成员，因此，需要在这个类中进行友元函数声明，参见程序中 friend ostream& operator<<(ostream&, const STU&);。

关于无参构造函数的使用：类类型的容器在内存分配时需要调用无参构造函数。如果在一个类定义（如 class STU）体中提供了其他构造函数，它自身并不需要无参构造函数，而 vector 容器需要使用无参构造函数，为了避免执行过程出现差错，这时可以把显式定义的无参构造函数（如 STU(){}）放在该类的私有区，同时在该类的公有区提供友元声明（如 friend class vector<STU>;），那么在程序的执行过程中，只有指定了友元的 vector 才可以访问到无参构造函数（如主函数中，STU x;就会出错，vector<STU> v;不会出错）。

★ ★

10.2.4 deque 容器

如果需要经常在数据序列两端插入和删除元素，或者希望在元素被删除后容器能够自动缩减内存，那么使用 deque 是一种好的选择。

【案例 10.4】 测试 deque 容器的功能。

◇ **问题背景**

通过阅读和上机调试该程序，学习 deque 容器、迭代器以及通用算法的使用方法。

◇ **数据结构与算法**

规划数据结构如下：

① 声明 1 个用来存放 int 型元素的 deque 对象别名为 userDeque。

② 定义 1 个迭代器变量 pd，用于前向遍历 userDeque 元素。

③ 定义 1 个反向迭代器变量 rpd，用于反向遍历 userDeque 元素。

④ 定义 userDeque 对象 d1 和 d3，并初始化为空（参见 userDeque d1,d3; ）。

⑤ 定义 userDeque 对象，并初始化为有 10 个值为 6 的元素（参见 userDeque d2(10,6); ）。

设计算法如下：

① 定义子函数 putDeque1。功能：前向遍历显示，即以迭代器的方式从前向后输出 d 队列的全部元素（参见 void putDeque1(userDeque d, char *name) ）。

② 定义子函数 putDeque2。功能：反向遍历显示，即以反向迭代器的方式从后向前显示 d 队列的全部元素（参见 void putDeque2(userDeque d, char *name) ）。

③ 主函数中，完成如下操作：

a. 对 d3 赋值为有 8 个值为 1 的元素（参见 d3.assign(8,1); ）。

b. 调用子函数 putDeque1，正向遍历并显示 d1、d2 和 d3 中的数据（参见 putDeque1(…); ）。

c. 在 d1 序列中插入元素（参见 d1.push_back(…); ），并调用子函数分别前向和反向遍历并输出 d1 中的数据。

d. 删除指定的 d1 序列中的元素（参见 d1.pop_...();和 d1.erase(…); ），并输出结果。

e. 以数组方式访问 d2 元素，测试引用类函数。

f. 执行 sort 算法将 d1 中的元素按升序排列。

g. 使用输出迭代器（参见 ostream_iterator<int> output(cout, ","); ），将 d1 复制到输出迭代器输出（参见 copy (d1.begin(),d1.end(),output); ）。

◇ **编程实现**

```
//10.4 测试 deque 容器的功能
#include <iostream>
#include <deque>
#include <iterator>
#include <algorithm>   //提供 sort 算法
using namespace std;
//======================================================
```

填空练习

```
typedef deque<int> userDeque;
//========================================================
void putDeque1(userDeque d, char *name)
{    userDeque::iterator pd;
     cout<<"前向遍历双端队列 "<< name << "的内容: ";
     for(pd=d.begin(); pd!= d.end(); pd++)
         cout<< *pd<<" ";
     cout<<endl;
}
//========================================================
void putDeque2(userDeque d, char *name)
  {  userDeque::reverse_iterator rpd;
     cout<<"反向遍历双端队列 "<< name <<"的内容: ";
     /* rbegin()成员函数返回 reverse_iterator 类型的迭代器，它指向容器中的最后一个元素，递增这个迭代器
        会移动指向上一个元素 rend()成员函数返回 reverse_iterator 类型的迭代器，它指向容器中的第一个元素
        前面的位置*/
     for(rpd=d.rbegin(); rpd!= d.rend(); rpd++)
         cout<< *rpd<<" ";
     cout<<endl;
  }

void main(void)
{   //========================================================
    userDeque d1,d3;
    userDeque d2(10,6);
    d3.assign(8,1);
    //========================================================
    putDeque1(d1,"d1");
    putDeque1(d2,"d2");
    putDeque1(d3,"d3");
    //========================================================
    d1.push_back(2);   d1.push_back(4);
    d1.push_front(5);    d1.push_front(7);
    d1.insert(d1.begin()+1,3,9);
    cout<< "\n 在 d1 序列中完成插入操作后: \n";
    putDeque1(d1,"d1");
    putDeque2(d1,"d1");
    //========================================================
    d1.pop_front();
    d1.pop_back();
```

```
//============================
d1.erase(d1.begin()+1);
cout<< "\n 在 d1 序列中完成删除操作后：\n";
putDeque1(d1,"d1");
//============================================
cout<<"\n 测试引用类函数，例 d1.at(3)="<<d1.at(3)<<endl;
cout<<"以数组方式访问元素，例 d1[3]="<<d1[3]<<endl;
d2.at(1)=10;   d2[4]=12;
cout<<"执行 d2.at(1)=10 和 d2[4]=12 之后，";
putDeque1(d2,"d2");
//==============================
sort(d1.begin(),d1.end());
//==============================
ostream_iterator<int> output(cout, "," );
cout<<"执行 sort 算法之后 d1 的内容：";
copy (d1.begin(),d1.end(),output );
cout<<endl;
}
```

◇ 运行结果

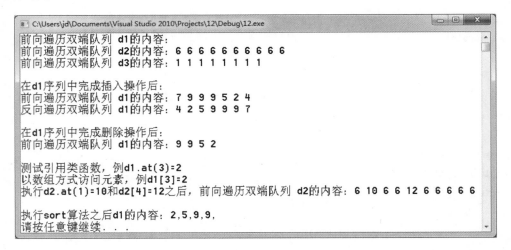

━━━━━━━━━ ★语法知识与编程技巧★ ━━━━━━━━━

双端队列（qeque 容器类）——#include<qeque>

deque 类似于 vector 容器，可以使用下标运算符访问其中的元素。它支持快速随机访问和快速插入删除。

degue 容器的内部组织方式要比 vector 复杂得多，其主要特点如下：

✓　deque 以顺序表为基础，内存空间分布是小片的连续，小片间用链表相连。

✓ deque 允许在队列的两端进行操作，支持双端插入数据，所以比 vector 灵活。

✓ deque 在重新申请空间的时候无须拷贝所有元素，所以比 vector 快。

✓ deque 在删除元素的时候释放空间。同时，为 deque 分配的存储块，往往要等删除 deque 时才释放，所以它比重复分配（再分配和释放）更有效，但是也就更浪费内存。

容器 deque<T>在双端队列中存储类型 T 的元素。

1. 定义 deque 对象

定义（也称为创建）deque 对象的常用方法如下：

（1）定义时不指定容器的大小

例如：deque<int> d;

（2）定义时指定容器的大小

例如：deque<int> d(10);　//定义一个用来存储10个 int 型元素的 deque 对象

（3）定义时为每个元素指定初值

例如：deque<int> d(10,6);　//定义一个名为 d 的 deque 对象，最初有 10 个值为 6 的元素

（4）复制构造一个新 degue 对象

例如：deque<int> d;

deque<int> d1(10,6);

deque<int> d2(d);

deque<int> d3(d1);

2. 插入元素

设有 deque<int> d;

（1）采用 push_front 方法在序列头部插入元素，容器自动扩张

例如：d.push_front(5);

（2）采用 push_back 方法在序列尾部插入元素，容器自动扩张

例如：d.push_back(2);

（3）采用 insert 方法在序列中插入数据，容器自动扩张

例如：d.insert(d1.begin()+1,3,9);

3. 删除元素

设有 deque<int> d;

（1）采用 pop_front 方法从序列头部删除元素

例如：d.pop_front();

（2）采用 pop_back 方法从序列尾部删除元素

例如：d.pop_back();

（3）采用 erase 方法从序列中删除元素

例如：d.erase(d1.begin()+1);

（4）清空双端队列容器

例如：d.clear();

4.sort 算法

sort算法在默认的情况下是将容器中的元素进行升序排列，还可以使用标准函数对象或根据需要自己设计排序比较函数。其详细解释参见10.3节"常用STL通用算法"。

> **例1：** //第一版本调用形式，升序排序容器中的所有元素
>
> ```
> sort(d1.begin(),d1.end());
> ```
> //第二版本调用形式，使用标准函数对象降序排序容器中的所有元素
>
> ```
> sort(d1.begin(),d1.end(),greater<int>());
> ```

10.2.5 list 容器

如果需要经常在数据序列中插入和删除元素，则使用 list 是一种好的选择。因为 list 可以在常数时间内将元素从一个容器转移到另一个容器。list 的不足是不能随机访问元素。

【案例 10.5-1】 测试 list 容器的功能。

◇ **问 题 背 景**

通过阅读和上机调试该程序，学习 list 容器和迭代器的使用方法。

◇ **思 路 分 析**

通过创建列表 li1 并赋初值，删除 li1 中特定的元素，以及反向迭代器遍历 li1 等任务的完成，学习使用 list 容器。

◇ **数 据 结 构 与 算 法**

规划数据结构如下：

定义 1 个 int 型的 list 容器对象 li1（参见 list<int> li1;），用于存放列表元素。

设计算法如下：

① 定义函数模板。功能：输出 list 元素（参见 void myPrintList(list<int> n)），并使用迭代器进行输出循环。

② 为列表 li1 赋初值（参见 li1.push_back();）并输出（参见 myPrintList(li1);）。

③ 删除指定的元素（参见 li1.pop_front();和 li1.pop_back();及 li1.remove(12);）。

④ 使用反向迭代器遍历 list 并输出，即反向输出 list 内容。

◇ **编 程 实 现 1**

```
//10.5-1 测试 list 容器的功能（1）
#include <iostream>
#include <list>
using namespace std;
//函数模板，接收对 list 的 const 引用作为参数，用 const 迭代器输出 list 的内容
template < typename T>
void myPrintList(const list<T> &l1)
```

填空练习

```cpp
{   for(list<T>::const_iterator pl=l1.begin(); pl!=l1.end(); ++pl)
        cout<<*pl<<" ";
}


void main(void)
    {   //创建两个列表，并使用常量来赋初值
        list<int> li1;
        //========================
        li1.push_back(234);
        li1.push_back(145);
        li1.push_back(12);
        li1.push_back(312);
        li1.insert(li1.begin(),3,9);
        //========================
        cout<<"创建列表，并赋初值: \nli1";
            myPrintList(li1);
        cout<<endl;
        //========================
        cout<<"在 li1 中完成指定的删除操作（去掉头、尾和 12 元素）之后: "<<endl;
        li1.pop_front();
        li1.pop_back();
        li1.remove(12);
        cout<<"li1:";
        myPrintList(li1);
        cout<<endl;
        //========================
        cout<<"反向输出 li1 内容: "<<endl;
        list<int>::reverse_iterator rIp;
        //rbegin()成员函数返回 reverse_iterator 类型的迭代
        //器，它指向容器中的最后一个元素，递增这个迭代器会移
        //动指向上一个元素
        //rend()成员函数返回 reverse_iterator 类型的迭代器，
        //它指向容器中的第一个元素前面的位置
        for (rIp=li1.rbegin(); rIp!=li1.rend(); rIp++)
            cout<<*rIp <<" ";
        cout<<"\n";
    }
```

◇ 运行结果

```
C:\Windows\system32\cmd.exe
创建列表，并赋初值:
li1:9 9 9 234 145 12 312
在li1中完成指定的删除操作（去掉头、尾和12元素）之后:
li1:9 9 234 145
反向输出li1内容:
145 234 9 9
请按任意键继续. . .
```

◇ **编程实现 2**

修改以上编程实现 1，实现：列表的初始数据源于数据文件。

```
修改 1: 增加头文件

#include <fstream>
修改 2: 主函数为有返回值函数

int main(void)
{
......

return 0;
}
修改 3: 创建两个列表并赋初值
//创建两个列表，并从文件读取数据来赋初值

list<int> li1,li2;

//========================
ifstream file1("f:\\test\\j1.txt");
if(file1.fail())
    {   cout<<"open file1 j1.txt failed"<<endl;
        return 1;   }
ifstream file2("f:\\test\\j2.txt");
if(file2.fail())
    {   cout<<"open file1 j2.txt failed"<<endl;
        return 1;   }
int x;
while(!file1.eof())
{   file1>>x;
    li1.push_back(x);
}
while(!file2.eof())
{   file2>>x;
    li2.push_back(x);
}
file1.close();
file2.close();
//========================
```

◇ **问题拓展**

如果要求将列表的最终数据存入数据文件，对该程序又应如何修改？

◇ **问题背景**

计算列表上两集合的"加"与"并"。

◇ **思路分析**

通过创建两个列表aList和bList，使用函数模板为列表赋初值。

计算两集合加的方法：首先调用函数成员sort()对列表排序已被后面使用（因为成员函数merge()使用前提：列表list有序）。然后调用merge()成员函数完成两个列表的归并。因在执行merge(list)之后list将成为空表，故如果后继尚需要使用该列表，则应使用备份方法来保留它。

计算两集合并集的方法：使用成员函数unique()去除归并得到的集合中的重复元素，即可获得到该两集合的并集。unique()的使用前提：列表list有序。

◇ **编程实现**

```
//10.5-2 测试 list 容器的功能（2）
#include <iostream>
#include <string>
#include <list>
#include <algorithm>
#include<iterator>
using namespace std;


template < typename T>          //函数模板
void myList(list<T> & ,string);


void main(void)
{  //===========================
    ostream_iterator<int> userOut(cout," ");
    list<int> aList,bList,cList;
    list<int> aaList, bbList;   //用于备份
    //===========================
    myList(aList,"aList");
    myList(bList,"bLiat");
    //===========================
    aList.sort();
    bList.sort();
    //===========================
    aaList=aList;    //用于备份
    bbList=bList;    //实际上本程序中，可以把列表 a 和列表 b 的输出放在 merge 执行前而不需备份
    cList.merge(aaList);
```

填空练习

```
        cList.merge(bbList,less<int>());    //默认为升序归并，即该命令也可写为 cList.merge(bList);

        cout<<"将两列表有序："<<endl;

        cout<<"列表 a："；

        copy(aList.begin(),aList.end(),userOut);

        cout<<"\n 列表 b："；

        copy(bList.begin(),bList.end(),userOut);

        cout<<"\n 计算两集加结果：\n(";

        copy(cList.begin(),cList.end(),userOut);

        cout<<")"<<endl;

        //============================

        cList.unique();    //使用前提：列表是有序的。用于去除链表中重复元素(离散化)

        cout<<"计算并集结果：\n(";

        copy(cList.begin(),cList.end(),userOut);

        cout<<")"<<endl;
}
template < typename T>      //函数模板
void myList(list<T> &tList,string name)
{ int x;
  cout<<"请输入集合"<<name<<"中元素的值："<<endl;
  while(cin>>x)
    { tList.push_back(x);
      if(cin.peek()=='\n')break;
    }
}
```

◇ **运行结果**

```
C:\Windows\system32\cmd.exe

请输入集合aList中元素的值：
98 23 18 45 66
请输入集合bLiat中元素的值：
9 66 12 23 77 18 88
将两列表有序：
列表a：18 23 45 66 98
列表b：9 12 18 23 66 77 88
计算两集加结果：
(9 12 18 18 23 23 45 66 66 77 88 98 )
计算并集结果：
(9 12 18 23 45 66 77 88 98 )
请按任意键继续. . .
```

★ 语法知识与编程技巧 ★

列表（List 容器类）——#include <list>

list 是一个双向链表，它的内存空间是可以不连续的。List 的每个结点有三个域，包括数据域、前驱元素指针域和后继元素指针域。它支持顺序遍历。也就是说，要访问 List 中某个下标元素，可以从前向后也可以从后向前顺序移动至目标处，但不能随机访问。

容器 List<T>在列表中存储类型 T 的元素。

1. 定义 list 对象

定义（也称为创建）list 对象的常用方法如下：

（1）定义空列表

例如：list<int> li;

说明：判断 list 是否为空的方法是，如果 list 为空，empty()这个成员函数返回值为真。

（2）定义有 n 个元素的列表

```
例如：list<int> li(10);
```

（3）定义时为每个元素指定初值

```
例如：list<int> li(10,6);
```

（4）复制构造一个新列表对象

```
例如：list<int> li;
      list<int> li1(10,6);
      list<int> li2(li);
      list<int> li3(li1);
```

2. 访问 list 元素

List 成员函数将容器内的元素作为顺序集合进行操作。输入、输出、正向和反向遍历的算法均可作用于 list。

```
例如：list<T>::iterator pl=li.begin();  //定义一个属于 list 的正向迭代器，并指向 li 中第一个元素
      ++pl;  //迭代器移动指向下一个元素
```

说明：

◆ 以迭代器的方式遍历 list 时，迭代器只能进行"++"或"--"操作，不能进行+n 或-n 操作，因为 list 元素的位置并不是物理相连的。

◆ empty() 判断是否列表为空，若为空返回 true，否则，返回 false。

3. 在 list 中插入元素

设有 list<int> li;

（1）采用 push_front 方法在列表头部插入元素，容器自动扩张

```
例如：li.push_front(5);
```

（2）采用 push_back 方法在列表尾部插入元素，容器自动扩张

```
例如：li.push_back(2);
```

（3）采用 insert 方法在列表中插入数据，容器自动扩张

```
例如：li.insert(li.begin(),3,9);
```

说明：在 list 插入元素时容器自动扩张。

4. 删除 list 中的元素

设有 list<int> li;

（1）采用 pop_front 方法从列表头部删除元素

```
例如：li.pop_front();
```

（2）采用 pop_back 方法从列表尾部删除元素

```
例如：li.pop_back();
```

（3）采用 erase 和 remove 方法从列表中删除元素

```
例如：li.erase (li.begin());  //删除首元素
      li.erase(li.begin(),li.end());  //删除从begin()到end()之间的元素
      li.remove(2);  //删除值为2的元素
```

（4）删除连续重复元素，只保留一个

例如：li.unique();　//具体解释参见下面 "9.列表归并与去重"

（5）清空列表容器

例如：li.clear();

说明：list 是链式存储的，跟 vector 机制不一样，以上可删除元素的成员函数都会回收被删除元素的内存空间，所以 list 内存释放不需要 swap 协助。

5．定位指向 list 中的元素

设有 list<int> li1;

例如：将迭代器指向该列表中下标为 6 的元素并输出它，然后移动迭代器到下一个元素。

list<int>::iterator pl=li1.begin();

advance(pl,6);　//将迭代器指向该量表中下标为 6 的元素

cout<<*pl<<endl;

pl++;

6．替换 list 中的元素

设有 list<int> li,otherLi;

例如：用 list 函数 assign 方法将 li 内容换成 otherLi 的内容

li.assign(otherLi.begin(),otherLi.end());//替换在两个迭代器指定范围

7．排序 list 中的元素

list 容器只能使用它自己的 sort()成员函数来完成排序。而 STL 的通用算法 sort()（包含在 algorithm 头文件中）不能用于 list 容器，因为该通用算法需要容器支持随机访问迭代器。

例如：list<int> li1;

li1.sort();　//调用 list 的成员函数，它与 STL 通用算法中的 sort()不同

li1.sort(less<int>());　　//升序，与 li1.sort();等价

li1.sort(greater<int>());　//降序

说明：

◆　在以上例子的 sort()的圆括号中，也可以是用户自己定义的函数对象。

◆　错误使用的示例：如果把以上语句改为 <u>sort(li1.begin(), li1.end());</u>，也就是使用<algorithm>头文件中声明的 sort()通用算法来实现，则会出错。因为 list 不支持随机访问迭代器。

8．划分一个 list

可以使用 STL 通用算法 stable_partition()和 list 的成员函数 splice()、merge()、emrge()来划分一个 list。其中：

stable_partition()用于重新排列元素，使得满足指定条件的元素排在不满足条件的元素前面。它维持着两组元素的顺序关系。

splice()把另一个 list（称为源 list）中的元素结合（这里即插入）到本 list(称为目的 list)中，同时从源 list 中删除这些元素。结合（插入）的位置是第一个参数指定的迭代器位置

之前。这个函数还可以有另外两种版本：① 有三个参数的，可以从第二个参数指定的容器中删除第三个参数的迭代器指定位置的元素；② 有四个参数的，可以从第二个参数指定的容器中删除第三和第四个参数的迭代器指定范围内的元素。

例1：li1.splice(it1,li2);是将 li2 的元素插入 li1 中 it1-1 和 it1 之间，并将 li2 清空。

例2：li1.splice(it1,li2,it2);是将 li2 中 it2 所指向的元素插入 li1 中 it-1 和 it 之间，并将这些元素从 li2 中删除。

例3：li1.splice(it1,li2,it2,it3);是将 li2 中[it2,it3)区间内的所有元素插入 li1 中 it-1 和 it 之间，并将这些元素从 li2 中删除。

例4：
```
int arr[]={1,2,3,4,5,6,7,8,9,10};
List<int> li1(arr,arr+4);   //li1 中元素 1、2、3、4
List<int> li2(arr+5,arr+8); //li2 中元素 6、7、8、9
Li1.splice(++it1.begin(),li2);   //li1 中元素 1、6、7、8、9、2、3、4
```

例5：splice 算法和 list 的 sort 算法的使用
```
#include <iostream>
#include <list>
#include <algorithm>
#include <iterator>
using namespace std;
//====================================
template < typename T>
void printList(const list<T> &userList);


void main(void)
{  const int SIZE=5;
   int a[SIZE]={2,3,6,8,9};
   list<int> li,otherLi;
   li.push_front(1);
   li.push_front(2);
   li.push_front(9);
   li.push_front(5);
   li.push_front(7);
   otherLi.insert(otherLi.begin(),a,a+SIZE);
   cout<<"Before the splice:\n";
   cout<<"li: ";  printList(li);   cout<<endl;
   cout<<"otherLi: ";  printList(otherLi);   cout<<endl;
   cout<<"After the splice:";
   //把 otherLi 表中的元素结合到 li 表中，同时删除 otherLi 表中的元素
   li.splice(li.end(),otherLi);
   cout<<"li: ";   printList(li);   cout<<endl;
```

```
                cout<<"otherLi: ";  printList(otherLi);   cout<<endl;

                li.sort();

                cout<<"After the sort:\n";

                printList(li);

                cout<<endl;

        }

        //================================
        template < typename T>

        void printList(const list<T> &userList)

        {

            if(userList.empty())

                    cout<<"List is empty.";

            else{

                        ostream_iterator<T> userOut(cout," ");

                        copy(userList.begin(),userList.end(),userOut);

                }

        }
```

```
C:\Users\jd\documents\visual studio ...
Before the splice:
li: 7 5 9 2 1
otherLi: 2 3 6 8 9
After the splice:li: 7 5 9 2 1 2 3 6 8 9
otherLi: List is empty.
After the sort:
1 2 2 3 5 6 7 8 9 9
请按任意键继续. . .
```

9. 列表归并与去重

merge()将两个序列归并成一个新的序列，并对新的序列排序。它的使用前提是：两个源序列一定都是有序排列的。例如：案例 10.5-1 中的 li1.merge(li2);，执行结果：li1 内容为原列表 li1 和 li2 内容的归并，而 li2 成为空表。merge 的另一版本允许提供一个判定函数，用于指定归并顺序。参见案例 10.5-2。

unique()用于去除列表中重复元素(离散化)。它的使用前提是：列表是有序的。参见案例10.5-2。

说明：关于 vector、deque 和 list 的选用。

在实际使用时，如何选用这三个容器，一般会遵循下面的原则：

✓　如果需要高效的随机存取，而不在乎插入和删除的效率，应使用 vector。

✓　如果需要大量的插入和删除，而无须随机存取，则应使用 list。

✓　如果需要随机存取，而且关心两端数据的插入和删除，则应使用 deque。

10.2.6　string 容器

在 C++程序中，使用字符串容器 string 来实现文本处理操作，其处理可以更加灵活和高效。

【案例 10.6】　查找子串（1）。

◇ 问题背景

在一字符串（称为主串）中查找一子串，并统计其出现的次数。

◇ **思路分析**

在主串中查找到一个子串之后，就把这个子串从原来的字符串中删去。

◇ **数据结构与算法 1**

规划数据结构如下：

① 定义 4 个 string 对象 str1、str2、strTemp、和 strNew，分别用于存放两个原始串、处理过程中截取的新串（即中间串）和添加了标志的新主串（即结果串）。

② 定义 2 个 int 型变量 pos 和 oldPos，分别用于存放子串首位置、前面已统计的子串首位和值与插入的标志数量之和。

③ 定义 2 个 int 型变量 n 和 myCount，分别用于存放前面已统计的子串长度之和、子串出现的次数。

设计算法如下：

① 由键盘获取两个字符串（参见 getline(cin,str1);）。

② 设置交换机制，以确保主串的长度>=子串的长度。

③ 由于查找过程中将会对主串进行截取或添加标志的修改，所以需要对主串进行备份（参见 strTemp=strNew=str1;）。

④ 使用单循环结构，完成查找任务。具体操作如下：

a. 使用 find(字符串)函数，在 strTemp 串中查找子串 str2。如果查找成功，将返回子串的位置（参见 pos=strTemp.find(str2);）；否则，返回值为-1，表示未找到子串（参见 if(pos==-1)-else 语句）。

b. 如果查找成功，将继续完成如下任务：

c. 在串 strNew 中，对应的子串的位置前插入 '【' 标志（参见 strNew.insert(…);语句）。

d. 使用 substr(起始位置,长度) 函数，截取串 str1 并将结果放在 strTemp 串中（参见 strTemp=strTemp.substr(pos+str2.length(),strTemp.length()-str2.length());）。

e. 统计出现的次数（参见 myCount++;）。

f. 修正相关变量的值，如 n=n+str2.length();和 oldPos+=pos+2;。

⑤ 输出处理结果。

◇ **编程实现 1**

```
//10.6 查找子串(1)

#include <iostream>

#include <string>

using namespace std;

int main(void)

{ //====================================================

  string str1,str2,strTemp,strNew;

  int pos=0,oldPos=0,n=0, myCount=0;

  cout<<"请输入主串内容: ";
```

填空练习

```
    getline(cin,str1);
    cout<<"请输入子串内容: ";
    getline(cin,str2);
    //====================================================
    if(str1.size()<str2.size())
       {  strTemp=str1;  str1=str2;  str2=strTemp;  }
    //====================================================
    strTemp=strNew=str1;
    //====================================================
    while(1)
    {  //=====================
        pos=strTemp.find(str2);
      //=====================
        if(pos==-1)
          {
             break;
          }
        else
          {  //=====================
             if(myCount==0)
                strNew.insert(pos,"【");
             else
                strNew.insert(pos+oldPos+n,"【");
             //=====================
             strTemp=strTemp.substr(pos+str2.length(),strTemp.length()-str2.length());
             myCount++;
             n=n+str2.length();
          }
        oldPos+=pos+2;
    }
    //====================================================
    if((pos==-1)&&(myCount==0))
        cout<<"该主串("<<str1<<")中，不含有指定的子串("<<str2<<")\n";
    else
        cout<<"该主串（"<<strNew<<"）中，含有"<<myCount<<"个指定的子串（"<<str2<<")\n";
}
```

```
C:\Windows\system32\cmd.exe                                    _ □ X
请输入主串内容: qweasdfghjkasdfzxcasdfgnbasdfgzxcasdfxasdfgqwe
请输入子串内容: asdfg
该主串（qwe【asdfghjkasdfzxc【asdfgnb【asdfgzxcasdfzx【asdfgqwe）中，含有4个指定
的子串（asdfg）
请按任意键继续. . .
```

【案例10.7】 查找子串（2）。

◇ 数据结构与算法2

定义迭代器（参见 string::iterator ip;语句），并且迭代器位置为 **strNew** 字符串首，即使用迭代器完成其中的部分操作（参见加有 "//--------------" 注释的语句）。

◇ 编程实现2

```cpp
//10.7查找子串(2)

#include <iostream>

#include <string>

using namespace std;

int main(void)

{  string str1,str2,strTemp,strNew;

   //=================================================

   string::iterator ip;

   int pos=0,oldPos=0,n=0, myCount=0;

   cout<<"请输入主串内容: ";

   getline(cin,str1);

   cout<<"请输入子串内容: ";

   getline(cin,str2);

   if(str1.size()<str2.size())

      {  strTemp=str1;   str1=str2;   str2=strTemp;  }

   strTemp=strNew=str1;

   //=================================================

   ip=strNew.begin();

   while(1)

   {  pos=strTemp.find(str2);

      if(pos==-1)

         {

            break;

         }

      else

         {  if(myCount==0)

               strNew.insert(ip+pos,'[');    //----------------
```

```
        else
            strNew.insert(ip+pos,'[');     //----------------
        strTemp=strTemp.substr(pos+str2.length(),strTemp.length()-str2.length());
        myCount++;
          ip=ip+str2.length();     //----------------
      }
      ip=ip+pos+1;     //----------------
   }
   //================================================
if((pos==-1)&&(myCount==0))
    cout<<"该主串("<<str1<<")中，不含有指定的子串("<<str2<<")\n";
else
    cout<<"该主串（"<<strNew<<"）中，含有"<<myCount<<"个指定的子串（"<<str2<<"）\n";
}
```

◇ 运行结果 2

──────── ★ 语法知识与编程技巧 ★ ────────

字符串（string 容器类）——#include <string>

容器 string<T>在字符串中存储类型 T 的元素。

1. string 对象的定义与初始化

定义（也称为创建）string 对象和常用初始化方法如下：

（1）使用默认构造函数（参见本教材分册 I 4.3.1 节）

```
例如：string str1;              //生成一个空字符串
        string str2 =" hello";     //生成并初始化一个字符串，或者 string str2(" hello");
```

（2）使用 char 型字符或字符串

```
例如：char str[]="hello-hello-hello-hello", let='c';  int len=6;
        string str3(n,let);     //将 n 个 let 字符作为 str3 的初值，即 string(int n, char c);
        string str4(str);       //把 char 型字符串 str 作为 str4 的初值，即 string(const char *s);
        string str5(str,len);   /* 将 str 前 len 个字符作为 str5 的初值，即 string (const char *s, int n);
            使用 c_str()函数可以将 string 型字符串转为 const chan* 类型（即内容不可变更并以'\0'结尾）的字符串
            使用 strcpy()函数 等来操作 c_str()返回的指针 */
        char c[100];
```

```
        string s=" hello ";
        strcpy(c,s.c_str());        //之后 cout<<c，可见结果为：hello
```

（3）使用拷贝构造函数

```
例如：string str1;  int pos=5, len=6;
      getline(cin,str1);
      string str2(str1);            //将 str1 的内容复制为 str2 的初值，即 string(const string& str);
      string str3(str1,pos) ;       /* 将 str1 中始于 pos 位置的后部分内容复制为 str3 的初值，
                                       即 string(const string& str, int pos);  */
      string str4(str1,pos,len) ;   /* 将 str1 中始于 pos 位置且长度≤len 的部分复制为 str4 的初值，
                                       即 string(const string& str, int pos, int n);  */
```

（4）使用迭代器

```
例1：string s="hello-hello-hello-hello";
      string str(s.begin(),s.begin()+5);
例2：string s="hello-hello-hello-hello";
      string::iterator it=s.begin();
      string str(it,it+5);     /* 把迭代器[it,it+5）之间的字符复制为 str 的初值，
                                  即 string(const_iterator first, const_iterator last);  */
```

2．string 对象的赋值

为 string 对象赋值的常用方法如下：

（1）使用"="运算符

可以直接使用成员重载运算符（即 string& operator=(const string &s);）将一字符串内容赋值/复制给另一字符串，参见本教材分册 I 4.3.1 节。

（2）使用成员函数 assign()

使用成员函数 assign()进行赋值，具体方法如下：

```
例如：char str[]="hello-hello-hello-hello", let='c';
      int pos=5, n=10, len=6;
      string s1="it-is-test.it-is-test.it-is-test.", s2;
      s2.assign(n, let);    //将 n 个 let 字符赋值给 s2，即 string& assign(int n, char c);
      s2.assign(str);       // 把 char 型字符串 str 的内容赋值给当前字符串 s2，即 string& assign(const char *s);
      s2.assign(str, len);  //将 str 前 len 个字符赋值给 s2，即 string& assign(const char *s, int n);
      s2.assign(s1);        //将 s1 的内容赋值给 s2，即 string& assign(const string& str);
      s2.assign(s1, pos, len);    /* 将 s1 中始于 pos 位置且长度≤len 的部分赋值给 s2，即
                                     string& assign(const string& str, int pos, int n);  */
      s2.assign(s1.begin(),s1.begin()+20);   /* 把迭代器[s1.begin(),s1.begin()+20）之间的所有字
                          符赋值给 s2，即 string& assign(const_iterator first, const_iterator last);*/
```

3．string 对象的撤销

撤销 string 对象的方法如下：

例如：string str1;

     ……

     str1.~string()   //撤销所有字符，释放内存

4. string 对象元素的访问

通常使用下标访问方式实现对 string 元素的随机访问（例如案例 4.26），而使用迭代器访问方式实现遍历访问所有元素（例如案例 10.7 算法 2）。

说明：特别需要注意的是 string 对象的元素是一个字符（即 char 型）。

5. string 元素的连接与插入

（1）使用"+"运算符

可以直接使用成员重载运算符 operator +，实现在 string 对象尾部连接字符串或 char 型字符，参见本教材分册 I 4.3.1 节。

（2）使用成员函数 push_back()

使用成员函数 push_back()在 string 对象的尾部追加字符。具体方法如下：

例如：string s1="it-is-test.it-is-test.";

     s1.push_back('i');   //在 s1 的尾部追加字符'i'，返回 void。

（3）使用成员函数 append()

使用成员函数 append()在 string 对象的尾部追加字符或子串。具体方法如下：

例如：char str[]="hello-hello-hello", let='c';

     int pos=5, n=10, len=6;

     string s1="it-is-test.it-is-test.", s2;

     string::iterator it1=s1.begin();

     s2.append(n,len);   /* 在当前 string 对象 s2 的尾部添加 n 个 len 字符，即 string&
                                append(int n, char c);   */

     s2.append(str);   /* 把 char 型字符串 str 连接到当前字符串 s2 的尾部，
                                  即 string& append(const char *s);   */

     s2.append(str,n);   /* 将 str 的前 n 个字符连接到 s2 的尾部，
                                  即 string& append(const char *s, int n);   */

     s2.append(s1);   //把字符串 s1 连接到 s2 的尾部，即 string& append(const string &str);

     s2.append(s1, pos, n);   /* 把字符串 s1 中从 pos 开始的 n 个字符连接到 s2 的尾部，
                                  即 string& append(const string &str, int pos, int n); */

     s2.append(it1,it1+8);   /* 把迭代器[it1,it1+8）之间的所有字符连接到当前 string 对象的尾部，
                                即 string& append(const_iterator first, const_iterator last); */

（4）使用成员函数 insert()

使用成员函数 insert()在 string 对象中间插入字符串或 char 型字符。具体方法如下：

例如：char str[]="hello-hello-hello", let='c';

     int pos=5, n=10, pi=3;

     string s1="it-is-test.", s2="abcdefg";

```
            string::iterator it1=s1.begin(), it2= s2.begin();
        s2.insert(pi, str);        /* 在当前字符串 s2 的 pi 位置插入 char 型字符串 str，返回修改后的字符串，
                                       即 string& insert(int pi, const char *s);   */
        s2.insert(pi, str, n);     /* 将 str 的前 n 个字符在 s2 的 pi 位置插入，返回修改后的字符串
                                       即 string& insert(int pi, const char *s, int n);   */
        s2.insert(pi, n, let);     /* 在 s2 的 pi 位置插入 n 个 let 字符，返回修改后的字符串，
                                       即 string& insert(int pi, int n, char c);   */
        s2.insert(pi, s1);         /* 在 s2 的 pi 位置插入字符串 s1，返回修改后的字符串，
                                       即 string& insert(int pi,const string &str);   */
        s2.insert(pi, s1, pos, n); /* 在 s2 的 pi 位置插入字符串 s1 中从 pos 开始的 n 个字符，返回修改后的字串，
                                       即 string& insert(int pi,const string &str, int pos, int n);*/
        s2.insert(it2+pi, it1, it1+8); /*在迭代器指向的 s2 的 pi 位置插入 [it1, it1+8 ) 之间的字符，
                                       即 void insert(iterator it, const_iterator first, const_iterator last); */
        s2.insert(it2, let);       /* 在迭代器 it2 处插入 let 字符，返回插入后的迭代器（即插后的位置），
                                       即 iterator insert(iterator it, char c); */
        s2.insert(it2, n, let);    /* 在迭代器 it2 处插入 n 个 let 字符，返回 void，即 void insert(iterator it,
                                       int n, char c);  */
```

6. string 元素的删除

```
例如：int pos=5, n=10;
      string s1="it-is-test.", s2="abcdefg";
      string::iterator it1=s1.begin();
      s2.pop_back();    //删除 s2 中最后一个元素，返回 void。
      s2.clear();         //删除 s2 中所有元素，返回 void。
      s2.erase(pos, n);    /* 在当前字符串 s2 中删除 pos 开始的 n 个字符，返回修改后的字符串，
                             即 string& erase(int pos, int n);   */
      s1.erase(it1);       /* 删除当前字符串 s1 中迭代器 it1 指向的字符，返回删除后的迭代器
                             （即删除后的位置），即 iterator erase(iterator it);*/
      s1.erase(it1, it1+4);  /* 删除 s1 中迭代器所指向的[it1, it1+4 ) 之间的所有字符，返回被删元素
                             段后继元素的迭代器，即 iterator erase(iterator first, iterator last);*/
```

7. string 对象的比较

（1）使用">""<"">="" "<="和"!="运算符

可以直接用成员重载关系运算符实现字符串的比较运算。

（2）使用成员函数 compare()

使用成员函数 compare()进行比较，其结果（函数返回值）为：>将返回 1，<将返回-1，==
则返回 0。具体使用方法如下：

```
例如：char str[]="def it-is-test.abcg ";
      int pos=3, n=11, pos2=4, n2=11;
      string s1="it- it-is-test.", s2="abc it-is-test.defg";
```

```
s2.compare(str);    /* 比较当前字符串 s2 和 char 型字符串 str 的大小，即 int compare(const char *s) const;*/
s2.compare(pos2, n2, str);    /* 比较 s1 从 pos2 开始的 n2 个字符组成的字符串与 char 型字符串 str
                               的大小，即 int compare(int pos, int n,const char *s) const;  */
s2.compare(pos2, n2, str, pos2, n2);        /* 比较当前字符串 s2 从 pos2 开始的 n2 个字符
                  组成的字串与 char 型字串 str 从 pos2 开始的 n2 个字符组成的字串的大小，即
                  int compare(int pos1,int n1,const char *s,int pos2,int n2)const;*/
s1.compare(s2);   //比较当前字符串 s1 和 s2 的大小，即 int compare(const string &s) const;
s1.compare(pos, n, s2);    /* 比较当前字符串 s1 从 pos 开始的 n 个字符组成的字符串与 s 的大小，
                           即 int compare(int pos, int n,const string &s)const; */
s1.compare(pos, n, s2, pos2, n2);    /* 比较当前字符串从 pos 开始的 n 个字符组成的
                  字符串与 s 中 pos2 开始的 n2 个字符组成的字符串的大小，即
                  int compare(int pos,int n,const string &s,int pos2,int n2)const;*/
```

8. string 对象的交换

```
例如：string s1="it- it-is-test.", s2="test";
      s1.swap(s2);    //交换当前字符串 s1 与 s2 的内容，即 void swap(string &s2);
```

9. string 对象的子串

```
例如：string s1="it- it-is-test.";  int pos=3, n=11;
      s1.substr(pos, n);        /* 返回从 pos 开始的 n 个字符组成的 string 型字符串，即 string
                               substr(int pos=0,int n=npos) const; */
```

10. string 对象的查找

查找函数：查找成功，返回所在位置；查找失败，返回-1（即 **string::npos** 的值）。

（1）find()、rfind()、find_first_of()、find_last_of()、find_first_not_of() 和 find_last_not_of()

```
例如：string s1="it- it-is-test.", s2="abc it-is-test.defg";
      s1.find(s2);        /*从前向后查找，查找 s2 在 s1 中第一次出现的位置即 int find(const string
                          &s, int pos=0) const; */
      s1.rfind(s2);       /*从后向前查找，查找 s2 在 s1 中最后一次出现的位置，即 int rfind
                          (const string &s,int pos=n) const; */
      s1.find_first_of(s2);       //查找 s2 中的任何字符在 s1 中第一次出现的位置
      s1.find_last_of(s2);        //查找 s2 中的任何字符在 s1 中最后一次出现的位置
      s1.find_first_not_of(s2);   //查找第一个不属于 s2 的字符在 s1 中的位置
      s1.find_last_not_of(args);  //中查找最后一个不属于 s2 的字符在 s1 中的位置
```

（2）以上的成员函数在不同参数下的使用示例

```
例如：以 find()使用为例，其他成员函数使用方法雷同
      char str[]="it-is-te", let='t';   int pos=0, n=5;
      string s1="it-it-is-test. it-is-test.", s2="abc it-is-test.defg";
      s1.find(let, pos);  /* 从 s1 的 pos 位开始查找 1et 字符在当前字符串 s1 中的首位置，
```

```
                                    即 int find(char c, int pos=0) const;  */
    s1.find(str, pos);   /* 从 s1 的 pos 位开始查找 char 型字符串 str 在当前串 s1 中的首位置,
                                    即 int find(const char *s, int pos=0) const;  */
    s1.find(str, pos, n);   /* 从 s1 的 pos 位开始查找 char 型字符串 str 中前 n 个字符在当前串 s1
                                    中的位置, 即 int find(const char *s, int pos= 0, int n) const; */
    s2.find(s1, pos);        /* 从 s2 的 pos 位开始查找字符串 s1 在当前串 s2 中的位置, 即 int find(const
                                    string &s, int pos=0) const;  */
```

11. string 元素的替换

（1）使用下标访问方式

```
例如: string s1;  int i=0;
    while(i++<s1.size()-1)       //将 s1 中的空格（' '）替换为减号（'-'）
      if(s1[i]==' ')
        {  s1[i]='-';  cout<<s1[i]; }
```

（2）使用成员函数 replace()

```
例如: char str[]="it-is-te", let='t';    int pos1=0, n1=2, pos2=1, n2=3, len=5;
    string s1="it-it-is-test. it-is-test.", s2="abc it-is-test.defg";
    string::iterator it1=s1.begin(), it2=s2.begin();
    s2.replace(pos1,n1,len,let);   /* 在当前字符 s2 中, 把从 pos1 开始的 n1 个字符替换为 len 个
                                    let 字符, 即 string &replace(int pos1, int n1,int n, char c);*/
    s2.replace(pos1,n1,str);     /* 在 s2 中把从 pos1 开始的 n1 个字符替换为 char 型字串 str, 即 string
                                    &replace(int pos,int n,const char *s); */
    s2.replace(pos1,n1,str, n2);  /*在 s2 中把从 pos1 开始的 n1 个字符替换为 str 的前 n2 个字符,
                                    即 string &replace(int pos1, int n1,const char *s, int n2);*/
    s2.replace(pos1,n1,s1);      /* 在 s2 中把从 pos1 开始的 n1 个字符替换为字符串 s1 的内容,
                                    即 string &replace(int pos1, int n1,const string &s); */
    s2.replace(pos1,n1,s1,pos2,n2);  /* 在当前字符串 s2 中, 把从 pos1 开始的 n1 个字符替换为字符
                                    串 s1 中从 pos2 开始的 n2 个字符, 即 string &replace(int
                                    pos1, int n1,const string &s, int pos2, int n2); */
    s2.replace(it2,it2+3,len,let);  /* 在 s2 中把[it2,it2+3）之间的所有字符替换为 len 个 let 字符,
                                    即 string &replace(iterator first, iterator last,int
                                    n, char c);*/
    s2.replace(it2,it2+5,s1);   /* 在 s2 中把[it2,it2+5）之间的所有字符替换为字符串 s1 的内容,
                                    即 string &replace(iterator first, iterator last,const char
                                    *s); 或 string &replace (iterator first, iterator last,const
                                    string &s);*/
    s2.replace(it2,it2+5,str,len);  /*把 s2 中[it2,it2+5]之间的所有字符替换为 str 的前 n 个字符,
                                    即 string &replace(iterator first, iterator last,const
```

说明：

◈　对于 string 字符串来说，可以通过使用其成员函数来实现各种操作。例如：对字符串的"截断"，可以通过组合使用 erase () 和 substr() 等函数来实现。但是，不能像处理 char 字符串那样采用在 i 位赋值为'\0'来截断，因为'\0'仅在 char 字符串中才具有字符结束符的意义。

◈　对于 string 字符串来说，可以使用迭代器来访问。它不支持以定义一个 string *p; 指针进行 string 对象及其元素的访问，但是允许定义一个 char *p; 指针，访问 string 对象元素。

例如：string s1="it is test.";　char *p=&s1[0];　int j=0;
　　　while(i++<s1.size()) if(*(p+i)==' ') *(p+i)='+';

★ ★

10.2.7　stack 容器适配器

通常将 n（n≥0）个具有相同类型的数据元素的有限序列称为线性表。如果需要一个线性表具有后进先出的特性，那么使用 stack 容器适配器来实现是好方法。

○【案例 10.8】　测试 stack 容器适配器的功能。

◇　**问题背景**

通过阅读和上机调试该程序，学习 stack 的使用方法。

◇　**数据结构与算法**

规划数据结构如下：

① 用默认类型（即 deque 型）创建一个空栈对象（参见 stack< int > userStack;）。

② 用 vector 型创建一个空栈对象（参见 stack< int, vector< int > > vectorStack;）。

③ 用 list 型创建一个空栈对象（参见 stack< int, list< int > > listStack;）。

设计算法如下：

① 定义 1 个模板函数 printElements（参见 template< typename T > void printElements(T &s)）。

② 以循环方式，将 userStack 元素入栈（参见 userStack.push(i);）。

③ 使用单循环结构，将将 userStack 元素出栈，并分别入栈 vectorStack 中（参见 vectorStack.push(userStack.top());)，和经过与 100 求和后入栈 listStack 中（参见 listStack.push(userStack.top()+100);）。

④ 使用模板类输出结果。

◇　**编程实现**

```cpp
//10.8 测试 stack 容器适配器的功能
#include <iostream>
#include <stack>
#include <vector>
#include <list>

using namespace std;
//=======================================================
template< typename T >
void printElements( T &s );

void main(void)
{    //=======================================================
     stack< int > userStack;
     stack< int, vector< int > > vectorStack;
     stack< int, list< int > > listStack;
     //=======================================================
     for ( int i=0; i < 20; i=i+2 )
        {   userStack.push( i );  }
     //=======================================================
     cout << "Popping from userStack: ";
     while ( !userStack.empty() )
     {  //=======================
       vectorStack.push(userStack.top());
       listStack.push( userStack.top()+100);
      //=======================
       cout << userStack.top() << ' ';
       userStack.pop();
     }
     //=======================================================
     cout << "\nPopping from vectorStack: ";
     printElements( vectorStack );
     cout << "\nPopping from listStack: ";
     printElements( listStack );
     cout << endl;
}
//=======================================================
template< typename T >
void printElements( T &s )
{
     while ( !s.empty() ) {
```

```
        cout << s.top() << ' ';
        s.pop();
    }
}
```

◇ 运行结果

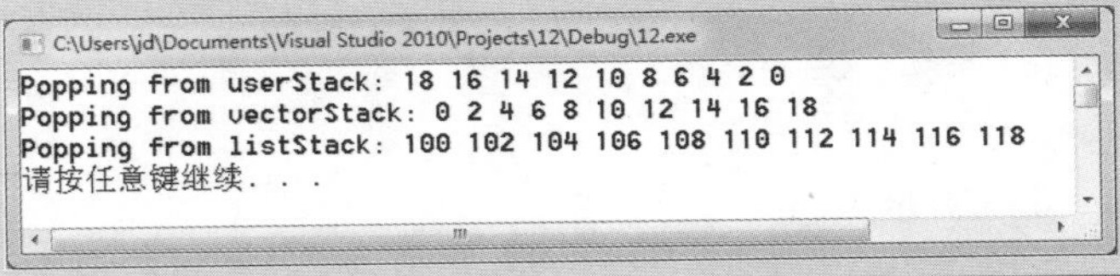
C:\Users\jd\Documents\Visual Studio 2010\Projects\12\Debug\12.exe
Popping from userStack: 18 16 14 12 10 8 6 4 2 0
Popping from vectorStack: 0 2 4 6 8 10 12 14 16 18
Popping from listStack: 100 102 104 106 108 110 112 114 116 118
请按任意键继续. . .

★语法知识与编程技巧★

栈（stack 容器类）——#include <stack>

栈（参见图 10.2）是一个线性表，插入和删除只在表的一端进行。这一端称为栈顶，另一端则为栈底。栈的元素插入称为入栈，元素的删除称为出栈。也正是由于这种限制性的操作，栈成为了一个具有后进先出(Last In First Out)特性的线性表，称为 LIFO 表。

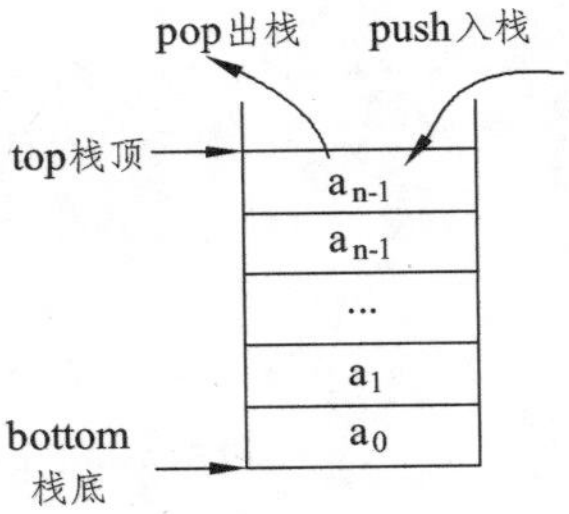
pop出栈
push入栈
top栈顶
a_{n-1}
a_{n-1}
...
a_1
a_0
bottom
栈底

图 10.2　栈示意图

STL 的栈泛化是直接通过现有的序列容器来实现的，默认使用双端队列 deque 的数据结构，当然也可以采用 vector 或 list 等数据结构。也正是由于栈的底层使用以上容器，因此可以把它看作是一种容器适配器。同时，为了严格遵循栈数据的后进先出原则，stack 不提供（或者说是不支持）任何迭代器操作。

（1）定义 stack 对象

例 1：//定义（也称为创建）一个以默认的 deque 为底层容器的空栈对象

```
stack<int> s;
```

例 2：//创建一个以 list 为底层容器的空栈对象

```
stack<int, list<int> > s1;
//复制构造函数，用栈 s1 创建一个新的栈
stack<int, list<int> > s2(s1);
```

（2）元素入栈

例如：
```
stack<int> s;
s.push(23);  //进入栈中
```

（3）元素出栈

例如：
```
stack<int>  s;
while(!s.empty()) {
    cout<<s.top() <<", ";  //访问并输出栈顶元素
    s.pop();   //从栈中退出
}
```

说明：

◆ empty()判断栈是否为空，返回 true 表示栈已空，返回 false 表示栈非空。

◆ 元素出栈操作是不返回栈顶元素的，需要另外通过取栈顶函数获得。

◆ size()取得栈中的元素个数，如例中 s.size()。

★★

10.2.8 queue 容器适配器

如果需要一个线性表具有先进先出特性，那么使用 queue 容器适配器来实现是好方法。

【案例 10.9】 测试 queue 容器适配器的功能。

◇ 问题背景

通过阅读和上机调试该程序，学习 queue 的使用方法。

◇ 编程实现

```cpp
//10.9测试 queue 容器适配器的功能
#include <iostream>
#include <queue>
using namespace std;
void main(void)
{   //====================================================
    int ement,n;
    queue<int> userQueue;
    //====================================================
    for(int i=0;i<10;i++)
        userQueue.push(i*2);
    //====================================================
    if(!userQueue.empty())
    { //========================
        cout<<"队元素个数为：";
        n= userQueue.size();
        cout<<n<<endl;
        cout<<"这些元素包括：";
        for(int j=0;j<n;j++)
        {   ement= userQueue.front();
            cout<<ement<<" ";
            userQueue.pop();
        };
    }
    else
    {//========================
        cout<<"队为空。";
    }
    cout<<endl;
}
```

◇ 运行结果

```
C:\Users\jd\Documents\Visual Studio 2010\Proje...
队元素个数为：10
这些元素包括：0 2 4 6 8 10 12 14 16 18
请按任意键继续. . .
```

队列（Queue 容器类）——#include <queue>

Queue（参见图 10.3）容器类是限定仅在一端（称为队尾）进行插入和在另一端（称为队首）进行删除操作的容器，用以实现先进先出(FIFO)的功能，即队存储和删除元素的顺序与元素到达的顺序相同。

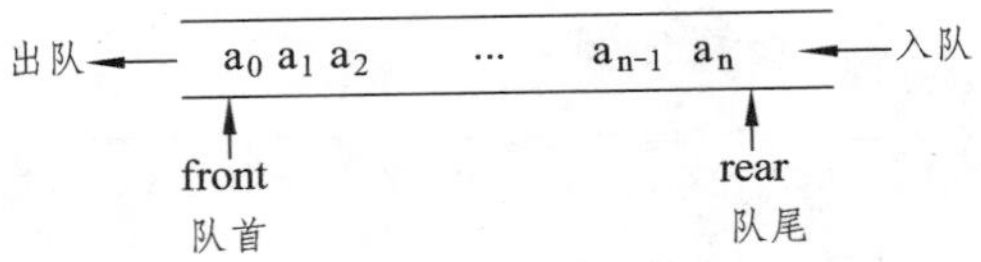

出队 ← | $a_0\ a_1\ a_2$ | ... | $a_{n-1}\ a_n$ | ← 入队

front 队首   rear 队尾

图 10.3 队示意图

与 stack 模板类很相似，queue 模板类也需要两个模板参数：一个是元素类型，另一个是容器类型。元素类型是必要的，容器类型是可选的，默认为 deque 类型。同时，为了严格遵循队列数据的先进先出原则，queue 不提供（或者说是不支持）任何迭代器操作。

（1）定义 queue 对象

例1: queue<int> q; //定义（也称为创建）一个以默认的 deque 为底层容器的空队列对象

例2: queue<int> q1;
   queue<int> q2(q1); //复制构造函数，用队列 q1 创建一个新的队列

（2）元素入队

例如: queue<int> q;
   q.push(x); //将 x 接到队列的末端

（3）元素出队

例如: queue<int> q;
   while(!q.empty())
   { cout<<q.front()<<", "; //返回队首元素
    q.pop(); //出队，注意:并不会返回被弹出元素的值
   }

说明：

◆ 返回队尾元素，如例：q.back()。

◆ 获得队列中的元素个数，如例：q.size()。

10.2.9 priority_queue 容器适配器

如果需要按照队列中元素的优先权顺序出队，那么使用 priority_queue 容器适配器来实现是好方法。

【案例 10.10】 测试 priority_queue 容器适配器的功能。

◇ 问题背景

通过阅读和上机调试该程序，学习 priority_ queue 的使用方法。

```
//10.10 测试 priority_queue 容器适配器的功能
#include <iostream>
#include <queue>
using namespace std;
//=================================================
class T
{ public:
    int x,y,z;
    T(int a,int b,int c):x(a),y(b),z(c){ }
};
//=================================================
bool operator < (const T &t1,const T &t2)
{
    return t1.z < t2.z;   //按照 z 的顺序来决定 t1 和 t2 的顺序
}

void main(void)
{  //=================================================
    priority_queue<T> userPQueue;
    //=================================================
    userPQueue.push(T(14,14,13));
    userPQueue.push(T(12,12,15));
    userPQueue.push(T(11,15,14));
    userPQueue.push(T(13,13,16));
    //=================================================
    while (!userPQueue.empty())
    {
        T t=userPQueue.top();
        userPQueue.pop();
        cout << t.x << " " << t.y << " " << t.z << endl;
    }
}
```

填空练习

◇ 运行结果

```
C:\Users\jd\Docu...
13 13 16
12 12 15
11 15 14
14 14 13
请按任意键继续. . .
```

★ 语法知识与编程技巧 ★

优先队列（priority_queue 容器类）——#include <queue>

优先队列与队列的差别在于优先队列不是按照入队的顺序出队，而是按照队列中元素的优先权顺序出队（默认为大者优先，也可以通过指定算子来指定自己的优先顺序）。

priority_queue 模板类有三个模板参数：第一个是元素类型，第二个是容器类型，第三个是比较算子。其中默认容器为 vector，默认算子为 less，即小的往前排，大的先出队（出队时序列尾的元素出队）。

同时，priority_queue 也是不提供（或者说是不支持）任何迭代器操作的。

priority_queue 的基本操作与 queue 相同。size 取得 priority_queue 的元素个数；empty 确定 priority_queue 是否为空；push 根据 priority_queue 的优先顺序将元素插入相应的位置；pop 从 priority_queue 中删除最高优先级元素；top 取得 priority_queue 中顶端元素的引用。

例如：priority_queue<int> q1;
　　　priority_queue< pair<int, int> > q2; // 注意在两个尖括号之间一定要留空格
　　　priority_queue<int, vector<int>, greater<int> > q3; // greater 定义小的先出队

说明：如果要定义自己的比较算子，常用方法是重载比较运算符。

★ ★

10.3　常用 STL 通用算法

STL 的重要意义是提供能在各种容器中通用的算法。也就是说，SLT 通用算法不依赖于所操作容器的实现细节，只要容器（或数组）的迭代器符合算法要求即可。

10.3.1　copy、sort、reverse 与 swap_ranges 及 accumulate 算法

【案例 10.11】　使用 STL 通用算法操作数组元素。

◇ **问题背景**

通过阅读和上机调试该程序，学习使用 SLT 通用算法来处理数组。

◇ **数据结构与算法**

规划数据结构如下：

① 定义 int 型符号常量 SIZE，并令 SIZE=10。

② 定义 3 个 int 型一维数组 array0、array1 和 array2，分别用于存放原始数据。

设计算法如下：

① 使用 copy 算法将数组 array0 复制到 array1（参见 copy(array0,(array0+SIZE), array1);），以及复制到输出迭代器，输出 array1（参见 copy(array1,array1+SIZE,ostream_iterator<int> (cout," "));）。

② 使用 sort 算法将 array1 排序为升序（参见 sort(array1,array1+SIZE);）。

③ 使用 reverse 算法将排好序的 array1 翻转为降序（参见 reverse(array1,array1+SIZE);）。

④ 使用 swap_ranges 算法实现交换 array1 和 array2 序列（参见 swap_ranges(……);）。

⑤ 使用算法计算 10-array1[0]-array1[1]-……（参见 sum=accumulate(……);）。

◇ 编程实现

```cpp
//10.11 测试一些通用算法 copy、sor、reverse、swap_ranges、accumulate 的功能
#include <iostream>
#include <algorithm>
#include <numeric>
#include <functional>
#include <iterator>
using namespace std;
void main()
{   const int SIZE=10;
    int array0[SIZE]={12,30,2,25,90,8,11,14,6,10};
    int array1[SIZE];
    int array2[SIZE]={2,25,11,6,20,9,7,0,-56,33};
    //================================================
    cout<<"将数组 array0 复制到 array1，array1 内容为："<<endl;
    copy(array0,(array0+SIZE),array1);
    copy(array1,array1+SIZE,ostream_iterator<int>(cout," "));
    //================================================
    sort(array1,array1+SIZE);
    cout<<"\n 将 array1 排序为升序，array1 内容为："<<endl;
    copy(array1,array1+SIZE,ostream_iterator<int>(cout," "));
    //================================================
    reverse(array1,array1+SIZE);
    cout<<"\n 将 array1 翻转为降序,array1 内容为："<<endl;
    copy(array1,array1+SIZE,ostream_iterator<int>(cout," "));
    //================================================
    cout<<"\narray2 内容为："<<endl;
    for(int i=0;i<SIZE;i++)
        cout<<array2[i]<<" ";
    //================================================
    swap_ranges(array1,array1+SIZE,array2);
    cout<<"\n 交换 array1 和 array2 序列：\narray1 内容为："<<endl;
    copy(array1,array1+SIZE,ostream_iterator<int>(cout," "));
    cout<<"\narray2 内容为："<<endl;
    copy(array2,array2+SIZE,ostream_iterator<int>(cout," "));
    cout<<endl;
    //================================================
    sum=accumulate(array1,array1+SIZE,10,minus<int>());
    cout<<"accumulate( 10-array1[0]-array1[1]-…)="<<sum<<endl;
}
```

填空练习

◇ 运行结果

```
C:\Windows\system32\cmd.exe                          ─ □ X
将数组array0复制到array1，array1内容为：
12 30 2 25 90 8 11 14 6 10
将array1排序为升序，array1内容为：
2 6 8 10 11 12 14 25 30 90
将array1翻转为降序，array1内容为：
90 30 25 14 12 11 10 8 6 2
array2内容为：
2 25 11 6 20 9 7 0 -56 33
交换array1和array2序列：
array1内容为：
2 25 11 6 20 9 7 0 -56 33
array2内容为：
90 30 25 14 12 11 10 8 6 2
accumulate(10-array1[0]-array1[1]-…)=-47
请按任意键继续. . .
```

━━━━━━━━━━━━━ ★语法知识与编程技巧★ ━━━━━━━━━━━━━

copy、sort、reverse与swap_ranges及accumulate算法

1. copy()容器之间元素的拷贝

语法格式：

```
copy(iterator begin, iterator end, result);
```

copy 算法将第一和第二参数指定的迭代器区间[begin，end)的元素复制到第三个参数指定的目标迭代器区间[result，result+(end-begin))中，并返回一个迭代器，指出已被复制元素区间的最后一个位置。

例1： //将数组 a 中的 10 个元素复制到 vector 容器 V 中

　　copy (a, a+10, v.begin());

　　//将数组 a 中的元素向左移动一位

　　copy(a+1, a+10, a);

而 copy 函数更多用于结合标准输入输出迭代器的时候。

例2： istream_iterator<int> myInput(cin);　//将 myIntput 定义为一个"连接至标准输入装置"的迭代器

　　list<int> myLink;　//构造一个 list 容器

　　……

　　// 将标准输入的内容复制至容器中

　　copy(myInput,istream_iterator<int>(),back_inserter(myLink));

　　……

　　//输出容器里的所有元素，元素之间用空格隔开

　　copy(myLink.begin(), myLink.end(),ostream_iterator<int>(cout," "));

　　或者：

　　ostream_iterator<int> Output(cout, " ");

　　copy(myLink.begin(), myLink.end(), Output);

说明：

◆　back_inserter(container)：在内部调用 push_back()成员函数，实现在容器尾端插

入元素。所以它只能用于提供有 **push_back()** 成员函数的容器（参见附录 7 "STL 的常用运算符和成员函数"），即 **vector**、**deque** 和 **list**。

◆ front_inserter(container)：在内部调用 **push_front()** 成员函数，实现在容器顶端插入元素。所以它只能用于提供有 **push_front()** 成员函数的容器，即 **deque** 和 **list**。

附录 7

◆ inserter(container,pos)：在内部调用 **insert()** 成员函数，实现将元素插入第二个参数所指的位置。尽管第一类容器都提供有 **push_back()** 成员函数，但多用于 **vector**、**deque** 和 **list**。

2. sort()对容器中的元素排序

语法格式：

第一个版本：sort(iterator begin, iterator end);
第二个版本：sort(iterator begin, iterator end, FunctionObject);

sort 的第一个版本是 **sort** 算法默认操作，它将第一和第二参数指定的迭代器区间[begin, end)元素以升序顺序排列。该函数无返回值，并要求使用的迭代器都是随机迭代器。

sort 的第二个版本，相当于函数重载，其中第三个参数为一个函数对象，是为改变第一个版本的默认操作而加载的二元函数。该二元判定函数取序列中的两个值作为参数，并返回一个表示排列顺序的 **bool** 值。且如果两个元素已经符合排列顺序，返回 **true**。如果需要对容器中满足某个条件或者不满足某个条件的元素分开，可以使用 **partition** 或 **stable_partition**。

说明：因为 **vector** 和 **deque** 支持随机迭代器，所以可以使用 **sort()** 通用算法完成对其元素的排序；而因为 **list** 不支持随机迭代器，所以对 **list** 只能使用 **list** 自己的成员函数.**sort()** 完成排序，而不是使用该通用算法。

3. reverse()和 reverse_copy()反转容器中元素的顺序

语法格式：reverse(iterator begin, iterator end);
　　　　　reverse_copy(iterator begin, iterator end, result);

reverse() 算法在第一和第二参数指定的迭代器区间[begin, end)中，反转元素的顺序。这两个迭代器参数至少应为双向迭代器。

reverse_copy() 算法将第一和第二参数指定的迭代器区间[begin, end)元素（这两个迭代器参数至少应为双向迭代器），以逆序的顺序存放到 **result** 开始的位置，并返回最后一个被覆盖元素的下一个位置的迭代器。

设有　vector<int>v1;
例 1：//反转排列范围内的元素

　　　　reverse(v1.begin(),v1.end());
例 2：//将 v1[begin,end)范围内的元素，以逆序的顺序存放到 v2 中

　　　　reverse_copy(v1.begin(),v1.end(),v2.begin());

4. swap_ranges()交换两个区间中的元素

语法格式：

swap_ranges(iterator first1, iterator last1, iterator first2);

完成两个正向迭代器区间的元素的交换。具体执行结果：将区间[first1,last1)和区间

[first2,first2+N)中的元素相互交换。规定 N=last1-first1，这两个区间长度相同并不可以重叠，且这两个区间可以在不同的容器中。

5.accumulate 对容器中的元素求和运算（头文件：numeric）

语法格式：

第一个版本: T accumulate(iterator begin, iterator end, T val);

第二个版本: T accumulate(iterator begin, iterator end, T val, FunctionObject);

accumulate 的第一个版本是 accumulate 算法的默认操作，用来计算 T 类型变量 val（累加的起点）和容器 [begin,end) 区间（累加范围）内的元素之和。

accumulate 的第二个版本，相当于函数重载，其中的第四个参数为一个函数对象，是为改变第一个版本的默认操作而加载的二元函数。即让二元函数取代默认的求和运算。

例如: sum = accumulate(array1, array1+SIZE, 10, minus<int>());

★ ★

10.3.2 fill、generate 与 find 及 search 算法

【案例 10.12】 使用 STL 通用算法操作容器元素（1）。

◇ 问题背景

通过阅读和上机调试该程序，学习使用 SLT 算法处理 STL 容器。

◇ 数据结构与算法

规划数据结构如下：

① 定义 3 个用于存放 char 型元素的向量对象 v1、v2 和 v3（参见 vector <char>v1(10), v2(10),v3(10); ）。

② 定义 2 个 const 迭代器 it1 和 it2（参见 vector<char>::const_iterator it1,it2; ）。这类迭代器是可以自己增加的，但是其所指向的元素是不可以被改变的。

设计算法如下：

① 自定义 2 个函数对象 nextCharacter1 和 nextCharacter2,分别以 static 和非 static 方式返回后继元素。

② 自定义 1 个函数对象 greaterD，返回是否大于 'D' 的 bool 值。

③ 声明输出迭代器 charOut，通过 cout 输出用一个空格作为数据分隔符。

④ 使用 fill 算法将字符 A 放在 vector v1 的每个元素中，不包含 v1.end()（参见 fill(v1.begin(),v1.end(),'A'); ）。

⑤ 使用 generate 算法分别将调用函数对象得到的结果放在 vector v2 和 v3 的每个元素中（参见 generate(v2.begin(),v2.end(),nextCharacter1); ）。

⑥ 使用 copy 算法输出 v1 和 v2（参见 copy(v1.begin(),v1.end(),charOut); ）。

⑦ 使用 find 算法查找容器中是否含有指定元素（参见 it1=find(v2.begin(),v2.end(), 'C'); 等）。

⑧ 使用 find 算法查找容器中是否含有比指定元素大的元素（参见 it2=find_if(v2.begin(), v2.end(),greaterD); 等）。

```
//10.12 测试通用算法 fill、generate、find 的功能
#include <iostream>
#include <algorithm>
#include <iterator>
#include <vector>
using namespace std;
//====================================================
char nextCharacter1();
char nextCharacter2();
bool greaterD(char value);

void main(void)
{  //====================================================
   vector <char> v1(10),v2(10),v3(10);
   vector<char>::const_iterator it1,it2;
   //====================================================
   ostream_iterator<char> charOut(cout," ");
   //====================================================
   fill(v1.begin(),v1.end(),'A');
   //====================================================
   generate(v2.begin(),v2.end(),nextCharacter1);
   generate(v3.begin(),v3.end(),nextCharacter2);
   //====================================================
   cout<<"v1 内容: "<<endl;
   copy(v1.begin(),v1.end(),charOut);
   cout<<"\nv2 内容: "<<endl;
   copy(v2.begin(),v2.end(),charOut);
   cout<<"\nv3 内容: "<<endl;
   copy(v3.begin(),v3.end(),charOut);
   //====================================================
   it1=find(v2.begin(),v2.end(),'C');
   //==========================
   if(it1!=v2.end())
       cout<<"\nv2 中含有'C',位置在"<<it1-v2.begin();
   else
       cout<<"\nv2 中不含有'C'.";
   //====================================================
   it2=find_if(v2.begin(),v2.end(),greaterD);
```

```cpp
//====================================
    if(it2!=v2.end()){
        cout<<"\nv2 中找到首个值比'D'大的元素是"<<*it2;
        cout<<",具体位置为"<<it2-v2.begin();  }
    else
        cout<<"\nv2 中不存在值比'D'大的元素.";
    //====================================================
    it1=find(v3.begin(),v3.end(),'C');
    //==============================
    if(it1!=v3.end())
        cout<<"\nv3 中含有'C',位置在"<<it1-v2.begin();
    else
        cout<<"\nv3 中不含有'C'.";
    //====================================================
    it2=find_if(v3.begin(),v3.end(),greaterD);
    //==============================
    if(it2!=v3.end()){
        cout<<"\nv3 中找到首个比'D'大的元素是"<<*it2;
        cout<<",具体位置为"<<it2-v2.begin();  }
    else
        cout<<"\nv3 中不存在值比'D'大的元素.";
    cout<<endl;
}
//========================================================
char nextCharacter1()
{
    static char character='A';
    return character++;
}
//========================================================
char nextCharacter2()
{
    char character='A';
    return character++;
}
//========================================================
bool greaterD(char value)
{
    return value>'D';
}
```

◇ 运行结果

```
C:\Users\jd\Documents\Visual Studio 2010\Projects\12\D...
v1内容:
A A A A A A A A A A
v2内容:
A B C D E F G H I J
v3内容:
A A A A A A A A A A
v2中含有'C',位置在2
v2中找到首个值比'D'大的元素是E,具体位置为4
v3中不含有'C'.
v3中不存在值比'D'大的元素.
请按任意键继续. . .
```

分析该程序中char nextCharacter1()和char nextCharacter2()的作用和不同。

─────────── ★ 语法知识与编程技巧 ★ ───────────

fill 和 generate 及 find 与 search 算法

1. fill()和 generate()用于赋值

> 语法格式：fill(iterator begin, iterator end, T val);
>
> generate(iterator begin, iterator end, FunctionObject);

fill()和 generate()的第一和第二个参数表示范围，即迭代器区间[begin, end)，且这两个迭代器参数至少应为正向迭代器（各种容器支持迭代器的类别参见 10.2.1）。fill()的第三个参数为范围中的每个元素采用的值。generate()的第三个参数为一个函数对象，即它支持传入比较函数。它是将该函数对象得到的结果放到范围中的每个元素中。

fill_n()的使用方法：例如，**fill(v1.begin(),4,'A');**，将字符 A 放在 vector v1 的五个元素中。

2. find()和 find_if()用于搜索容器中符合条件的单个元素

> 语法格式：find(iterator begin, iterator end, T val);
>
> find_if(iterator begin, iterator end, FunctionObject);

find()和 find_if()中前两个参数指定迭代器区间[begin, end)，并要求两个迭代器参数至少应为输入迭代器。

find()：如果找到，将返回包含第三个参数指定值的第一个元素位置（即返回指向该对象的输入迭代器），否则失败，将返回.end()迭代器（即返回.end()的值）。

find_if()：第三个参数为一个函数对象。如果找到，将返回包含该函数对象得到的 true 结果（即和给出的查找条件相符）的第一个元素位置，失败返回.end()的值。

例1： 在一个序列（如 list<int> l1;）中，借助 find()找出第一个值为 n 的元素

```
void f(list<int>&l1,int n)
    {  list<int>::iterator p=find(l1.begin(),l1.end(),n);
        if(p!=l1.end())cout<<*p;        //失败将返回.end()迭代器
    }
......
cin>>n;
f(l1,n);
```

例2： 在一个序列（如 list<int> l1;）中，借助 find_if()找出第一个值小于 n 的元素

```
......
const int N=10;
template < typename T>    //利用函数模板来自定义函数对象
bool less_than_n(T x)
    {   return x<N;   }
```

```
void ff(list<int>&l1)
   { list<int>::iterator p=find_if(l1.begin(),l1.end(),less_than_n<int>);
      if(p!=l1.end())cout<<*p;
   }
......
ff(l1);
```

3. search()用于搜索容器中的一个字符序列

语法格式：

```
search(iterator first1, iterator last1, iterator first2, iterator last2);
search_n( iterator begin, iterator end, n, T val);
```

search()算法用来搜索容器中的一个子序列，即 search 算法在一个序列中找另一个序列第一次出现的位置。如果找到了，将返回一个指着匹配项的第一个元素的迭代器；否则，没有找到，将返回.end()的值。

search_n()算法用来搜索容器中是否有重复元素子序列。例如：搜索 vecInt 中是否有连续的 4 个元素 6，search_n(vecInt.begin(), vecInt.end(), 4, 6)。

例3：search 算法的使用

```
#include <iostream>
#include <vector>
#include <algorithm>
#include <list>
#include <string>
#include <iterator>
#include <iomanip>
using namespace std;

void main(void)
{ const int SIZE=10;
  int arr[SIZE]={12,2,25,90,8,11,30,14,6,10};
  string s1="adhdfgueriobv";
  string s2="fgu";
  vector <int> v(arr,arr+SIZE);
  vector<int>::const_iterator l1;
  //for_each 算法的使用参见 10.3.3
  for_each(v.begin(),v.end(), [](int it){cout <<setw(4)<<it; } );
  cout<<endl;
  //find_if()评价对象是否和给出的查找条件相符,这里查找第一个不比 20 大的值
  l1=find_if_not(v.begin(),v.end(), [](int it)->bool{return (it > 20); });
  if (l1 == v.end())
```

◇ 运行结果

```
C:\Users\jd\documents\visual studio...
   12    2   25   90    8   11   30   14    6   10
第一个比20大的值为: 12
a d h d f g u e r i o b v
f g u
源串中包含目标子串, 首字符为: f

请按任意键继续. . .
```

-210-

```
                cout <<"不存在比 20 大的值.";
        else
                cout<<"第一个比 20 大的值为: "<<*l1<<endl;
        //=========================================================
        list<char> listChar(s1.begin(),s1.end());
        list<char> targetChar(s2.begin(),s2.end());
        ostream_iterator<char> charOut(cout," ");
        copy(listChar.begin(),listChar.end(),charOut);  cout<<endl;
        copy(targetChar.begin(),targetChar.end(),charOut);  cout<<endl;
        list<char>::iterator l2;
        // search 算法的使用
        l2=search(listChar.begin(),listChar.end(),targetChar.begin(),targetChar.end());
        if (l2==listChar.end())
                cout<<"源串中不包含目标子串."<< endl;
        else
                cout<<"源串中包含目标子串，首字符为: "<<*l2<<endl;
        cout<<endl;
}
```

★ ★

10.3.3 for_each、replace 与 count 及 remove 算法

【案例 10.13】　使用 STL 通用算法操作容器元素（2）。

◇ **问题背景**

通过阅读和上机调试该程序，学习使用 SLT 算法处理 STL 容器。

◇ **数据结构与算法**

规划数据结构如下：

① 定义 1 个函数对象（参见 template <class T> class print{}; ）。

② 定义 2 个存放 int 型元素的向量对象 vect1 和 vect2（参见 vector<int> vect1, vect2; ）。

③ 定义 1 个存放 int 型元素的 list 对象 list1（参见 list<int> list1; ）。

设计算法如下：

① 将由键盘获取的数据分别存放在 vect1 和 list1 中（参见 while(cin>>x){} ）。

② 将容器中指定区间的元素以 print 方式输出(参见 for_each(vect1.begin(),vect1.end(), print<int>());和 for_each(list1.begin(),list1.end(),print<int>());)。

③ 使用 sort 算法实现 vect1 简单排序（参见 sort(vect1.begin(),vect1.end()); ）。

④ 使用 list 的成员函数 sort()实现 list1 排序（参见 list1.sort(); ）。

※　算法依赖于数据结构，数据结构不同，算法不一样。对 list 要用 list 的成员函数 sort()，而不是通用算法。所以，如果使用"sort(list1.begin(),list1.end());"，运行时将出现错误。

⑤ 使用 fill 算法填充指定位置数据，例如将 begin()+3 到最后的数值填充为 45（参见 fill(vect1.begin()+3, vect1.end(),45); ）。

⑥ 使用 count 算法统计 list1 中值为 15 的结点个数（参见 int num =count(list1.begin(),list1.end(),15); ）。

⑦ 使用算法删除等于指定值（例如值为 15）的元素（参见 remove(list1.begin(), list1.end(),15);和 remove(vect1.begin(),vect1.end(),15); ）。

◇ **编程实现**

```cpp
//10.13 测试通用算法 for_each、count、remove 的功能
#include<iostream>
#include<vector>
#include<list>
#include<algorithm>
using namespace std;
//=================================================
template <class T>
class print
{ public:
    void operator()(T &x)
    { cout <<x<<" "; }
};

void main(void)
{ //==========================
  int x;
  //==========================
  vector<int> vect1, vect2;
  //==========================
  list<int> list1;
  cout<<"请输入数据，并按任一字母键结束输入: \n";
  //=================================================
  while(cin>>x)
  { //==========================
    vect1.push_back(x);
    //==========================
    list1.push_back(x);
  }
  //=================================================
```

填空练习

```cpp
    cout <<"vect1 内容: ";
    //============================
    for_each(vect1.begin(),vect1.end(),print<int>());
    cout <<"\nlist1 内容: ";
    //============================
    for_each(list1.begin(),list1.end(),print<int>());
    cout <<"\n";
    //====================================================
    sort(vect1.begin(),vect1.end());
    cout <<"sort vect1 内容: ";
    for_each(vect1.begin(),vect1.end(),print<int>());
    cout <<"\n";
    //============================
    list1.sort();
    cout <<"sort list1 内容: ";
    for_each(list1.begin(),list1.end(),print<int>());
    cout <<"\n";
    //====================================================
    fill(vect1.begin()+3, vect1.end(),45);
    cout <<"将 begin()+3 到 end()填充为 45, vect1 内容: ";
    for_each(vect1.begin(),vect1.end(),print<int>());
    cout <<"\n";
    //====================================================
    cout <<"统计 list1 中值为 15 的结点个数, 结果为: ";
    int num =count(list1.begin(),list1.end(),15);
    cout <<num <<endl;
    //====================================================
    remove(list1.begin(),list1.end(),15);
    cout <<"删除值为 15 的元素后 list1 内容: ";
    for_each(list1.begin(),list1.end(),print<int>());
    cout <<"\n";
    //============================
    remove(vect1.begin(),vect1.end(),15);
    cout <<"删除值为 15 的元素后 vect1 内容: ";
    for_each(vect1.begin(),vect1.end(),print<int>());
    cout <<"\n";
}
```

◇ 运行结果

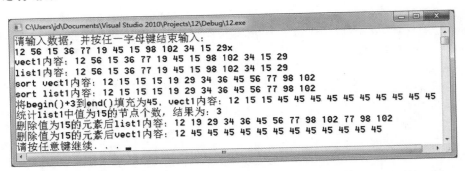

C:\Users\jd\Documents\Visual Studio 2010\Projects\12\Debug\12.exe

```
请输入数据，并按任一字母键结束输入：
12 56 15 36 77 19 45 15 98 102 34 15 29x
vect1内容: 12 56 15 36 77 19 45 15 98 102 34 15 29
list1内容: 12 56 15 36 77 19 45 15 98 102 34 15 29
sort vect1内容: 12 15 15 15 19 29 34 36 45 56 77 98 102
sort list1内容: 12 15 15 15 19 29 34 36 45 56 77 98 102
将begin()+3到end()填充为45，vect1内容: 12 15 15 45 45 45 45 45 45 45 45 45 45
统计list1中值为15的节点个数，结果为: 3
删除值为15的元素后list1内容: 12 19 29 34 36 45 56 77 98 102 77 98 102
删除值为15的元素后vect1内容: 12 45 45 45 45 45 45 45 45 45 45 45 45
请按任意键继续. . .
```

━━━━ ★ 语法知识与编程技巧 ★ ━━━━

for_each、replace 和 count 及 remove 算法

1. for_each()算法

for_each 算法读取容器中第一和第二个参数指定的迭代器（应为输入迭代器）区间[begin, end)内的所有元素，并将这些元素传递给函数对象（第三个参数）。也就是说，它是通过函数对象的具体实现来执行相应操作，这就提供了很灵活的用法。

2. replace()算法

replace()算法是首先在容器中获取由第一和第二个参数指定的迭代器（应为正向迭代器）区间[begin, end)中，值与第三个参数相等的元素，然后用第四个参数去替换这些元素。

replace_copy()算法是首先在容器中将第一和第二个参数指定的迭代器（应为输入迭代器）区间[begin, end)中的所有元素，复制到第三个参数提供的迭代器（应为输出迭代器）的开始位置，然后获取所有元素中值与第四个参数相等的元素，并用第五个参数替换这些元素。

replace_if()算法是首先在容器中获取由第一和第二个参数指定的迭代器（应为正向迭代器）区间[begin, end)中，所有其值使第三个参数（一个函数对象，即用户自定义的一元函数）返回值为 true 的元素，然后用第四个参数去替换这些元素。

3. count()算法

count()算法用来统计容器中值等于指定的常量的元素个数。它的前两个参数指定迭代器区间[begin, end)，第三个参数是一个 T 类型的常量。

count_if()的前两个参数与 count()的相同，第三个参数为一个函数对象，用以确定一个对象是否应该被记数。所以，count_if 具有更大的灵活性。

4. remove()算法

remove()算法将第一和第二个参数指定的迭代器（应为正向迭代器）区间[begin, end)内的所有值为第三个参数的元素，移动存放到该容器的后部。即使得容器中前部为没有删除的元素，后部为指定删除的元素，并返回最后一个未删除元素后面一位的迭代器。

remove_copy()算法复制第一和第二个参数指定的迭代器（应为输入迭代器）区间[begin, end)内的所有值不等于第四个参数（例如不为 10）的元素，把这些元素存放到第三个参数提供的目标容器的迭代器（应为输出迭代器），并返回复制到目标容器的最后一个元素后面一位的迭代器。

例如：remove_copy(v1.begin(),v1.end(),v2.begin(),10);

说明：remove 和 erase 函数的区别：

通用算法 remove 的作用是将容器中等于指定值的元素放到该容器的尾部，但并不减少该容器的 size；第一类容器的 erase 成员函数，用在 vector 中，作用是删除某个位置或一段区域 [begin, end) 中的元素，并减少其 size；list 容器中的 remove 成员函数的作用是删除 list 中值与指定值相同的结点，并释放该结点的资源。

例 1：删除 vector<int> v 中所有值为 50 的元素

```
v.erase( remove( v.begin(), v.end(), 50 ), v.end() );
```

例 2：删除 list<int> l1 中所有值为 "test" 的元素

```
l1.erase( remove( l1.begin(), l1.end(), "test" ), l1.end() );
```

★ ★

10.4 编程艺术与实战

10.4.1 斐波那契数列问题

【案例 10.14】 斐波那契数列的问题。

◇ **问题背景**

斐波那契数列可以表示为：1，1，2，3，5，……（参见本教材分册 I 中的案例 4.15、案例 5.5 和案例 6.15）

要求：计算并输出斐波那契数列前 n 项的值，并将结果写入文件 fibo.txt 保存。

◇ **数据结构与算法**

规划数据结构如下：

① 创建 1 个文件流对象 file，用于文件操作。

② 确定本地机存在 d:\\test，用于存放数据文件。

③ 定义 1 个用来存储 unsigned int 型元素的向量对象 vFibo，用于存放数列各项值。

④ 定义 2 个 unsigned int 型变量 n 和 i，分别用于存放项数和循环控制变量值。

设计算法如下：

① 创建文件流对象 file，以只写方式打开一个文本文件。

② 确定打开文件的操作是否成功。如果不成功，则结束执行程序。

③ 将输入存放 n 中。

④ 使用单循环结构，计算斐波那契数列前 n 项的值，并顺序追加在 vFibo 尾部。

⑤ 使用单循环结构，输出结果，并将结果写入文件。

⑥ 关闭文件。

```cpp
//10.14 斐波那契数列的问题
#include <iostream>
#include <fstream>
#include <vector>
#include <iomanip>
using namespace std;
int main(void)
{ //===============================================
    ofstream file("d:\\test\\fibo.txt");
    if(!file)
        { cout<<"打开文件错误"<<endl; exit(1); }
    //===========================
    _____;
    unsigned int n,i;
    cout<<"请输入计算前多少项: ";
    cin>>n;
    //===========================
    vFibo.push_back(1);
    _____;
    for(i=2;i<=n;i++)
        _____;
    //===========================
    i=0;
    while(_____)
        { cout<<setw(20)<<vFibo[i];
          file<<vFibo[i]<<" ";
          _____; }
    cout<<endl;
    //===========================
    file.close();
    return 0;
}
```

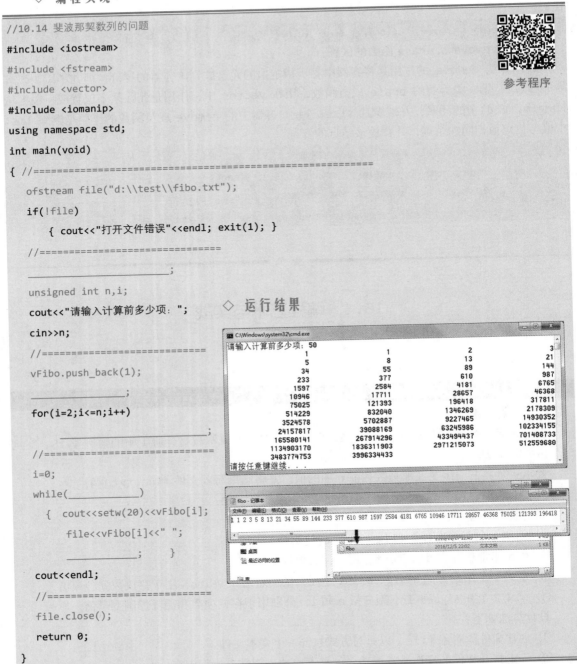

10.4.2 约瑟夫问题

【案例 10.15】 选猴王。

◇ 问题背景

若干只猴子围成一个圆环，选猴王。从第一只猴子开始依次报数，报数为 3 的猴子退出圆环，下一只猴子又从 1 开始从头报数，最后剩下的猴子为猴王（参见本教材分册 I 中的案例 4.24）。

要求：输出退环顺序和猴王在原环中的位置，并将结果写入文件 Monkey.txt 保存。

◇ **数据结构与算法**

规划数据结构如下：

① 创建 1 个文件流对象 file，用于文件操作。

② 确定本地机存在 d:\\test，用于存放数据文件。

③ 定义 1 个用来存储 int 型元素的向量对象 vMonkey，用于存放若干猴子编号。

④ 定义 2 个 int 型变量 number 和 myCount，分别用于存放输入的猴子总数和出环的报数。

设计算法如下：

① 创建文件流对象 file，以只写方式打开一个文本文件。

② 确定打开文件的操作是否成功。如果不成功，则结束程序执行。

③ 创建向量对象 vMonkey，输入猴子的总数和出环的报数并存入 number 和 myCount。

④ 使用单循环结构，为向量对象 vMonkey 赋初值（将 i+1 插入尾部）。

⑤ 使用单循环结构，在向量中完成如下操作：

a. 计算出环位置；

b. 输出退环元素（参见 cout<<vMonkey[pos]<<" "; ）；

c. 将退环元素写入文件（参见 file<<vMonkey[pos]<<" "; ）；

d. 删除此元素。

⑥ 关闭文件，并结束执行程序。

◇ **编程实现**

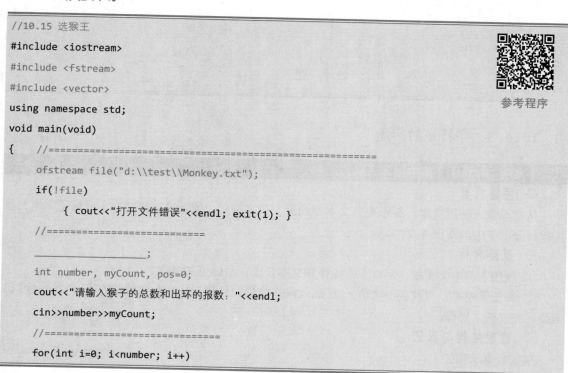

```
//10.15 选猴王
#include <iostream>
#include <fstream>
#include <vector>
using namespace std;
void main(void)
{   //=========================================================
    ofstream file("d:\\test\\Monkey.txt");
    if(!file)
        { cout<<"打开文件错误"<<endl; exit(1); }
    //===========================
    _____;
    int number, myCount, pos=0;
    cout<<"请输入猴子的总数和出环的报数："<<endl;
    cin>>number>>myCount;
    //===========================
    for(int i=0; i<number; i++)
```

参考程序

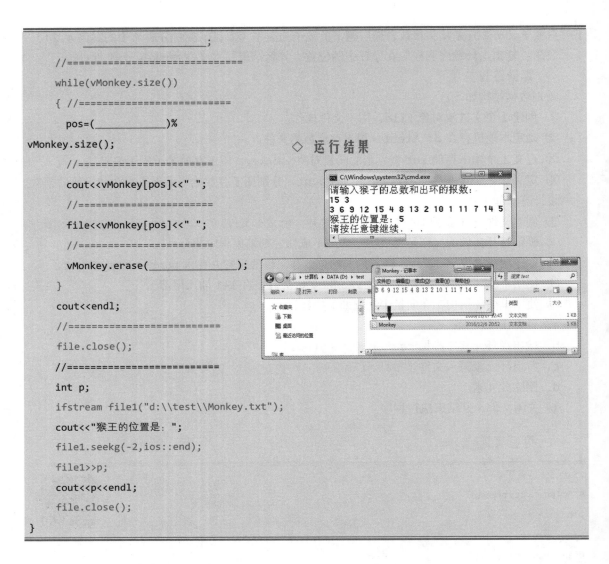

```
                    _____;
    //============================
    while(vMonkey.size())
    { //========================
        pos=(_____)%
vMonkey.size();
        //=====================
        cout<<vMonkey[pos]<<" ";
        //=====================
        file<<vMonkey[pos]<<" ";
        //=====================
        vMonkey.erase(_____);
    }
    cout<<endl;
    //========================
    file.close();
    //========================
    int p;
    ifstream file1("d:\\test\\Monkey.txt");
    cout<<"猴王的位置是: ";
    file1.seekg(-2,ios::end);
    file1>>p;
    cout<<p<<endl;
    file.close();
}
```

◇ 运行结果

请输入猴子的总数和出环的报数:
15 3
3 6 9 12 15 4 8 13 2 10 1 11 7 14 5
猴王的位置是: 5
请按任意键继续. . .

3 6 9 12 15 4 8 13 2 10 1 11 7 14 5

10.4.3 字符串的问题

【案例 10.16】 串中插入子串。

◇ **问题背景**

从键盘输入一段文本。要求在该文本中的最大值字符后，插入另一段文本（或称子文本，参见教材分册 I 中的案例 4.28）。

◇ **思路分析**

① 使用字符串类实现，不要求事先预知文本长度，所以更加灵活。

② 算法策略是：当找到最大值元素 maxChar 之后，使用 string 提供的方法——insert() 函数，完成插入操作。

◇ **数据结构与算法**

规划数据结构如下：

① 定义 2 个 string 型变量 oldStr 和 insertStr，用于存放两段文本。

② 定义 1 个 char 型变量 maxChar，用于存放最大值。

③ 定义 2 个 int 型变量 len 和 pos，分别用于存放文本长度和最大值元素下标。

设计算法如下：

① 由键盘输入原文本和需要插入的子文本，并分别存入 oldStr 和 insertStr。

② 通过单重循环遍历字符串 oldStr 的所有字符，找出最大值字符 maxChar，并记录其所在位置 pos。

③ 使用 string 变量名.insert(插入位置,插入串常量或 string 变量名)函数，完成串插入操作。

④ 输出新文本内容，即输出 newStr。

◇ **编程实现**

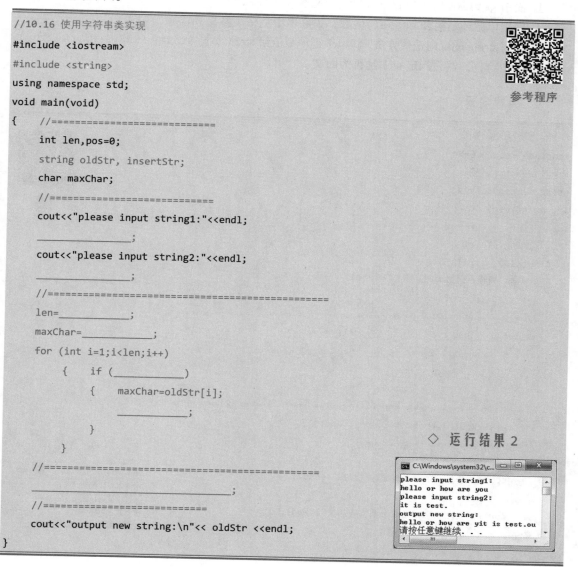

```
//10.16 使用字符串类实现
#include <iostream>
#include <string>
using namespace std;
void main(void)
{   //============================
    int len,pos=0;
    string oldStr, insertStr;
    char maxChar;
    //============================
    cout<<"please input string1:"<<endl;
    _____;
    cout<<"please input string2:"<<endl;
    _____;
    //===================================================
    len=_____;
    maxChar=_____;
    for (int i=1;i<len;i++)
        {   if (_____)
            {   maxChar=oldStr[i];
                _____;
            }
        }
    //===================================================
    _____;
    //============================
    cout<<"output new string:\n"<< oldStr <<endl;
}
```

◇ 运行结果2

```
please input string1:
hello or how are you
please input string2:
it is test.
output new string:
hello or how are yit is test.ou
请按任意键继续. . .
```

－219－

◇ **问题背景**

判定一个由西文字符构成的文本是否为回文（参见本教材分册 I 中的案例 4.29）。要求：其中的空格不计入。

说明：回文是指从前往后读与从后往前读得到的结果都一样的文本。

◇ **数据结构与算法**

规划数据结构如下：

① 定义 1 个 string 型变量 str1，用于存放原始文本。

② 定义 3 个 int 型变量 i、j1 和 j2，用于存放中间数据。

设计算法如下：

① 使用 getline() 函数获取待检测的文本，存入 str1。

② 使用单循环结构和 erase() 函数，去除串中空格（参见 while(){}）。

③ 利用 string 的反向迭代方法，将 str1 逆序赋值给 str2（参见 string str2(str1.rbegin(), str1.rend()); ），然后判定 str1 是否为回文。

◇ **编程实现**

```
//10.17 回文串的判定
#include <iostream>
#include <string>
using namespace std;
int main(void)
{   //===========================
    string str1;
    int i=0, j1, j2;
    cout<<"请输入待检测的文本："<<endl;
    getline(cin,str1);
    //========================================================
    while(_____)
        {   if(str1[i]== _____) str1.erase(i);
            i=i+1;
        }
    //========================================================
    string str2(str1.rbegin(), str1.rend());
    //===========================
    if(_____)
        cout<<"该文本字符组织上构成回文"<<endl;
    else
        cout<<"该文本字符组织上不构成回文"<<endl;
    return 0;
}
```

参考程序

◇ **运行结果**

```
C:\Windows\sys...
请输入待检测的文本：
assdddfgfdddssa
该文本字符组织上构成回文
请按任意键继续. . .
```

◇ **问题背景**

使用列表容器实现：统计在一段随机生成的文本中各个不同字符出现的频度。

◇ **数据结构与算法**

规划数据结构如下：

① 定义 int 型符号常量 N，并令 N=20。

② 定义 2 个 char 型的 list 容器对象 myList1 和 myList2，用于存放随机生成的文本和其副本。

③ 定义 1 个迭代器变量 myPointer，用于访问 myList2 元素。

④ 定义 1 个 char 型变量 xLet，用于存放统计的字符。

⑤ 定义 1 个 int 型变量 counLet，用于存放统计的字符频率。

设计算法如下：

① 定义子函数 printElements 用于输出列表内容。

② 主函数中，完成如下操作：

a. 使用单循环结构+随机函数，随机生成一段文本，并存入 myList1。

b. 打印 list 表（参见 printElements(myList1);）。

c. 使用单循环结构+迭代器，实现统计。具体操作如下：

    i. 使用迭代器访问 myList2 元素（以下将其元素值称之为指定字符）。

    ii. 使用 count 算法统计指定字符出现的次数。

    iii. 输出统计结果。

    iv. 使用 remove 算法删除 myList2 中所有值为该指定字符的元素。

◇ **编程实现**

```
//10.18 字符出现的频率问题
#include <iostream>
#include <ctime>
#include <list>
#include <algorithm>
using namespace std;
//============================================================
void printElements(_____)
 { for(list<char>::iterator pl=n.begin(); pl!=n.end(); pl++)
     cout<<*pl<<" ";
    cout<<endl;
 }

int main(void)
{ //=============================
    srand(time(NULL));
    const int N=20;
```

参考程序

```
    list<char> myList1;
    //===========================
    for(int i=0,temp;i<N;i++)
      { temp=_____;
        myList1.push_back(char(temp));
      }
    //===========================
    cout<<"the length of the list:"<<myList1.size()<<endl;
    printElements(myList1);
    //===========================
    list<char> myList2(myList1);
    list<char>::iterator myPointer=_____;
    char xLet;
    int counLet;
    //===============================================
    while(!myList2.empty())
      { //===========================
        counLet=count(_____);
        //===========================
        cout<<"The counters of character
        "<<*myPointer<<" is "<<counLet<<endl;
        //===========================
        myList2.remove(_____);
        //===========================
        myPointer=myList2.begin();
      }
    return 0;
}
```

◇ 运行结果

```
C:\Windows\system32\cmd.exe

the length of the list:20
T Z X W X U P K R D R D P A C U W A H F
The counters of character T is 1
The counters of character Z is 1
The counters of character X is 2
The counters of character W is 2
The counters of character U is 1
The counters of character P is 2
The counters of character K is 1
The counters of character R is 2
The counters of character D is 2
The counters of character A is 1
The counters of character C is 1
The counters of character U is 1
The counters of character H is 1
The counters of character F is 1
请按任意键继续. . .
```

 本章小结

本章练习

　　经典的数据结构数量有限，但是在实际应用中，编写的代码常常都只是为了适应不同数据的变化而在细节上有所出入。而 C++的 STL 容器就提供了这样的方便，它允许重复利用已有的实现构造自己的特定类型下的数据结构。通过设置一些模板类，STL 容器对最常用的数据结构提供了支持，这些模板的参数允许我们指定容器中元素的数据类型，可以将许多重复而乏味的工作简化。

　　在 C++中，使用指针访问数组元素；而在 C++的 STL 中，则通过迭代器对象顺序访问容器元素。迭代器类可以在第一类容器中通用。再者，STL 不用 new 和 delete，而用分配器分配和释放存储空间。STL 提供的默认分配器可以满足大多数应用程序的要求。

　　STL 最大的优点是提供能够在各种容器中通用的算法。这些算法表现为一系列函数模板，它们是 STL 中最类似于传统函数库的部分。虽然所有的容器都自身通过成员函数提供有一些基本操作，但是通用算法支持更广泛和更复杂的操作，例如对容器内容排序、复制、检索和归并等。

在传统设计中，经常采用"引用"来代替指针作为函数的参数或返回值。在 STL 通用算法中，类似地采用"函数对象"来代替函数指针。它是一个类，重载了函数调用运算符，且主要作为泛型算法的实参使用，用于改变缺省操作，从而使算法的功能得以扩展。

◆　STL 的常用运算符和成员函数，参见附录 7；
◆　STL 相关泛型算法，参见附录 8。

通用性始终是程序设计追求的目标，STL 实现了 C++程序设计中普遍涉及的经典数据结构和算法，它的应用价值不言而喻。

附录 7　　　附录 8

资源列表

微课程 1　第 1 章引论

微课程 2　软件开发和程序编制

微课程 3　计算机算法

微课程 4　编制一个简单的程序

微课程 5　调试程序的基本方法

微课程 6　基本数据类型

微课程 7　基本运算

微课程 8　顺序与选择结构程序设计

微课程 9　嵌套与多路分支选择结构

微课程 10　循环结构的实现

微课程 11　嵌套循环结构的实现

微课程 12　系统函数的使用

微课程 13　用户自定义函数的使用

参考文献

[1] 景红．计算机程序设计基础（C++）[M]．成都：西南交通大学出版社，2009．

[2] 景红，王国强．C 语言程序设计教程[M]．成都：西南交通大学出版社，2000．

[3] [美]Bjarne Stroustrup 贝尔实验室．C++程序设计语言（特别版）[M]．裘宗燕，译．北京：机械工业出版社，2002．

[4] [美]Harver M.Deitel Paul James Deitel．C++大学教程[M]．2 版.邱仲潘，等，译．北京：电子工业出版社，2003．

[5] [美]Avinash C.Kak．面向对象编程 C++和 Java 比较教程[M]．徐波，译．北京：人民邮电出版社，2004．

[6] 谭浩强．C++程序设计语言[M]．北京：清华大学出版社，2004．